数学是科学的诗歌

[法] 塞德里克·维拉尼　著

吴朝阳　译

世界知识出版社

图书在版编目（CIP）数据

数学是科学的诗歌 / (法) 塞德里克·维拉尼著；吴朝阳译著.— 北京：世界知识出版社, 2024.1

ISBN 978-7-5012-6472-8

Ⅰ.①数… Ⅱ.①塞… ②吴… Ⅲ.①数学－普及读物 Ⅳ.①O1-49

中国版本图书馆CIP数据核字（2021）第265721号

著作权合同登记号 图字：01-2021-0951号

书 名	**数学是科学的诗歌** **Shuxue Shi Kexue De Shige**
著 者	[法]塞德里克·维拉尼 译者 吴朝阳
策 划	张兆晋 席亚兵
责任编辑	薛 乾
责任校对	张 琨
责任出版	李 斌
封面设计	赵 玥
出版发行	世界知识出版社
网 址	http://www.ishizhi.cn
地址邮编	北京市东城区干面胡同51号（100010）
电 话	010-65233645（市场部）
经 销	新华书店
印 刷	北京虎彩文化传播有限公司
开本印张	880毫米×1230毫米 1/32 3½印张
字 数	35千字
版 次	2024年1月第1版 2024年1月第1次印刷
标准书号	ISBN 978-7-5012-6472-8
定 价	28.00元

奇人与奇书
——中译本前言

塞德里克·维拉尼（Cédric Villani）1973年10月出生于法国南部的科雷兹省，是一位天才的数学家，一位热情的科普作者与社会活动家，一位有理想的政治家。

塞德里克·维拉尼出身于一个拥有多位学者与艺术家的家庭，他的祖父马里奥·维拉尼是一位职业画家，大伯父阿尔诺·维拉尼是颇有名望的哲学家，二伯父菲利普·维拉尼是数学教授和爵士乐手，姑母贝亚特丽斯·博霍姆是著名的作家和诗人，而他自己的父母则都是法文教师。总而言之，塞德里克·维拉尼从小就生活在绘画、哲学、数学、音乐，以及文学和诗歌的氛围之中。他之所以成为极具艺术气质的数学家，他的弟弟维维安·维拉尼成为卓有成就的电影音乐制作人和作曲家，与这样的家庭出身显然不无关系。

塞德里克·维拉尼从小就有强烈的好奇心，并且在多个方面展现出很高的天赋。他小学和中学的数学成绩从来都是满分，而他从初中开始就特别喜欢数学，并且很快就形成了自己的数学品味。

古人说“少时了了，大未必佳”，而塞德里克·维拉尼不仅年少时显示出极高的天赋，其后也顺利成长为数学界声名卓著的人物。他25岁获得博士学位，26岁成为大学教授，30岁证明了统计物理学中极具分量的塞西尼亚尼猜想，35岁出任法国最著名的庞加莱研究所所长，36岁获得数学界最负盛名的菲尔兹奖。十余年时间里，他在统计物理学、最优化和黎曼几何学等多个数学分支都取得了令人瞩目的成绩，成为当代数学界的一位奇人！

功成名就之后，塞德里克·维拉尼并没有独善其身。在获得菲尔兹奖后，他积极投身于数学科普工作，在法国及其他多个欧美国家为学生和公众举办众多科普讲座，频繁参与科普节目、科普专栏以及科学节活动。他单独或与他人合作，出版了《一个定理的诞生》《数学世界》《宏伟的梦想：改变历史的四位天才》《创造的奥秘》等多部与数学紧密相关的科普著作。值得一提的是，《创造的奥秘》是他与作曲家、钢琴家卡洛尔·贝法（Karol Beffa）合作的成果；而他与著名艺术家、作家埃德蒙·波顿（Edmond Baudoin）合作出版的《机器人宝宝叙事曲》，却是一部寓意深远的科幻小说！

不仅如此，塞德里克·维拉尼还主导拍摄了多部与数学教育和数学科普有关的影像作品，大力推动全社会对数学教育的重视。

如果你认为塞德里克·维拉尼的传奇至此为止，那你就大错特错了。他不仅仅是著名数学家和科普作家，还是一位有理想的政治家。他在2017年加入马克龙创立的“共和国前进党”，参加立法院选举，高票当选埃松第五选区的议员，并一度被任命为国会科技评价委员会主席。由于在教育（尤其是数学教育)、未来科技战略、政府开支等多方面与“共和国前进党”的矛盾，他于2019年8月创建了名为“塞德里克·维拉尼之友协会”的微型党，组建起由志同道合的青年才俊以及经验丰富的专业人士和政治活动家组成的团队，继续为自己的政治理想展开不懈的努力！

塞德里克·维拉尼也没有浪费他的艺术天分，除了众多数学界的职务之外，他还以音乐爱好者的身份，出任由著名作曲家和演员帕特里斯·穆莱（Patrice Moullet）创建的“多彩音乐协会”的主席。更为有趣的是，其拜伦式的发型，变幻多姿的领带以及别致的蜘蛛形胸饰，为他赢得了“数学界的Lady Gaga”的称号。

作者已如此神奇，其著作自然也是奇书。所以，我们不在这里介绍这本神奇短书的内容，我们要请读者们自己阅读和鉴赏。

吴朝阳

2020年12月31日

于南京大学

维拉尼及其眼中的数学

数学自被柏拉图列入“自由七艺”以来，在人类文明中所处地位，以及与其他领域的关系和比较，长久以来一直是所有关心数学的人津津乐道、讨论不休的问题。百年以降，喜好理论的数学家常常把数学视为音乐一般的抽象语言，其发展皆由其理论内在的力量决定。就曾有数学家对我说“一个人如果真喜欢数学，则不应喜欢应用数学”。但即使是这类数学家，他们大多数人也愿意承认数学对刻画物理世界有着强大的威力。也有另外一群数学家，他们所研究的问题起源于现实世界，或是物理定律，或是计算机算法，又或是人类社会的诸种规律。对他们而言，所研究的数学问题自身虽然往往也充满纯粹理论的魅力，但其与其现实世界的来源实是无法割裂的。这在例如相对论方程、算法复杂度等领域显而易见。而几乎所有数学家的工作都处于谱系上这两端之间的某处。

塞德里克·维拉尼因为在分析领域的贡献，尤其是在最优传输理论及其在几何分析、统计力学等学科的应用所做的有影响力的工作，获得了2010年菲尔兹奖。从此以后维拉尼便热情地投身于用数学来影响现代社会的其他各个部分，并凭着他对数学研究过程的深刻认识，以及其独树一帜的风格所带来的个人魅力，在过去十年中为这项新事业作了很多贡献。有这样经历的一个人，其关于数学和其他人类文明的结晶，尤其是和人文领域之间联系的思考，必然是值得一读的。

而本书的书名《数学是科学的诗歌》便是维拉尼给出的一个最简洁的回答。尽管数学家中也有类似布尔巴基学派这般坚持纯粹形式化路径的人，对于大多数人而言数学毫无疑问是科学的一部分。但数学在科学里的独特性也如同诗歌在所有文学形式中的独特性一样，一眼可见。在这本小书中，维拉尼从若干方面对数学和诗歌这两种形式进行了比较，包括形式约束与自由创造间的张力、用独特语言创造出一个独立的世界、通过寻求对象间的隐秘关联来获取新的认识等等。这样的阐述无论是对从事研究的数学家，还是仅仅对数学感兴趣的其他读者，都妙趣横生，充满各种巧思灼见。

如同维拉尼的上一本书《一个定理的诞生》一样，此书的另一个看点是给出了当代一位优秀数学家脑中世界的一个素描。数学因为历史悠久，发展到现代，很多分支已经远远超出了一般人生活的经验范畴，而诸多与事实相去甚远的关于数学家工作状态的认识往往由此而生。另一个与之相关、也让数学家常常感到挠头的问题便是如何向人描述自己的工作。维拉尼其人其书给出了如何向非数学家描述数学家的世界的一种新的可能性。与很多人对一般数学家的刻板印象不同，生活中的维拉尼是一个很有个性的人。在数学界里，除了在最优传输上的工作之外，维拉尼一个为众人所知的特点便是他讲究的穿着，尤其是西装上不停变换的蜘蛛佩饰。关于这个佩饰维拉尼甚至在《一个定理的诞生》中专门做了骄傲的描述。更重要的是维拉尼也是一个很喜欢也很善于交流的人。我曾经参加过维拉尼在北京国际数学中心做的关于玻尔兹曼方程的讲座。玻尔兹曼方程来源于统计力学，与我的研究方向相去甚远，但是维拉尼的讲座却给我留下了深刻的印象。无论是对问题的起源、历史发展还是最近的研究前沿，维拉尼都做了精彩的讲述，其范围远远超过了单单解决问题的技术层面。这是我所参加过的最精彩的跨领域讲座之一。这本书中所展现的维拉尼对数学文化的很多整体思考，便如同我曾参加过的他对玻尔兹曼方程的讲座一般，是维拉尼为他心目中的读者——往往这其中包含很多非数学家——展示出的一个在恰如其分的高度所见的图景。

该书篇幅不长，我希望读者会和我一样，在掩卷时，感受到欣赏了一颗讨论数学文化的小而精的珍珠。

许晨阳

2022 年 1 月 9 日

于普林斯顿

前言

艾丽莎·布鲁恩①

科学与文学，数学与诗歌，这些领域之间存在什么样的关系？乍一看答案很简单：风马牛不相及。人们常说，科学让世界失望，让世界失去诗意，科学把机器和涡轮安放到了精灵和仙子的故土之上。在人类登上月球之前，在将废铜烂铁搬上月亮之前，那时的月亮难道不是更加美丽？但是，我们仍想在这里提出这个问题，并试图寻找一个答案，找出各种论据来加以佐证，列举支持二者存在联系的理由，

① 艾丽莎·布鲁恩（Élisa Brune，1966—2018年）出生于比利时布鲁塞尔，是一位享有盛名的记者，同时是一位颇有成就的小说家、专栏作家和科普作家。——译注

以及认为二者毫不相干的依据。

反对的理由

科学不是诗意的，因为科学最根本的特征是进步，科学是一种阶梯式的进步过程，逐渐超越此前取得的科学成果而向前发展，而艺术家们的工作则像是一个个独立的岛屿，大家的地位是平等的。一边是科学家们进步的阶梯，后来者总是站在前人的肩膀之上继续攀登；另一边是艺术家们构成的群岛，超越时间，永恒不变。

第二个理由是可证伪性。科学的一个重要基础是论据必须是可证伪的，对提出的一切假设，人们都可以设想一个实验对其进行证伪。而在艺术领域，证伪的概念是不存在的。一件艺术品既不是正确的，也不是谬误的，它是无可辩驳的。

还有一种观点认为，某种自然现象的发现，事实上很少取决于首次发现的科学家。例如电磁学现象和放射性，即便没有威廉·吉尔伯特[1]和安东尼·贝克勒尔[2]，其他科学家早晚也会发现这些自然现象。此外，同一现象经常会在不同地方被同时发现。因此，科学家个人并不是科学发现的核心要素。反之，艺术家方面的情形则截然相反。除了贝多芬，没有任何其他人能够创作出《欢乐颂》；除了毕加索，也没有任何其他人能够画出《格尔尼卡》。艺术是个性化的，而科学却具有集体性。

另一个论据关乎实验的地位。艺术家和科学家们各自都进行实验，但实验的意义却大不相同。在对事物进行考察时，科学家们站在客观事物的外部进行观察，使用特殊装置对客观物体进行测量。艺术家们的做法则大相径庭，他们将自己当成自己实验的一部分，与被考察的事物融为一体。

最后，科学依赖技术，科学进步有赖于越来越

---

① 威廉·吉尔伯特（William Gilbert，1544—1603年），英国王室御医、物理学家、电磁学的开创者，其出版于1600年的《论磁》是史上第一部磁学专著。——译注

② 安东尼·亨利·贝克勒尔（Antoine Henri Becquerel，1852—1908年），法国物理学家，因发现天然放射性，与居里夫妇共同获得1903年度诺贝尔物理学奖。——译注

精确的测量技术，总是追求最新和最先进的仪器。艺术家们则大多使用早已出现的技术，时至今日，仅用一支笔和一张纸，他们仍然可以创造出伟大的艺术作品。

赞同者的论据

首先，科学家们自认为是创造者。例如，皮埃尔-吉勒·德热纳[①]曾说："我40年中努力在物理学领域进行创造，有人却说科学中没有创造，如果真是那样，那我的生命简直是毫无意义。"除了这种有些主观的看法，追溯历史，我们也可以发现，科学和艺术的区别并没有那么明显。我们应该明白，艺术的原创性无非是相对较新的发明。曾几何时，艺术家们并不在他们的作品上签名，而且他们那时的作品更多的是追求模仿而非原创。他们追求真实地再现物体，或者说再现一种艺术状态，但不增加任

① 皮埃尔-吉勒·德热纳（Pierre-Gilles de Gennes，1932—2007年），法国物理学家，因其在液晶和聚合物方面的研究于1991年获得诺贝尔物理学奖。

何东西。创作者在其艺术作品中展示个性是此后才日积月累地发展而成的风尚。此外，艺术与科学在古代属于同一个学术整体。在分化而成为科学之前，医学、天文学、植物学等，所有这些分支与音乐、雕塑都是同一个整体的组成部分。希腊哲学家引入学科分类标准，将各种实践进行分类，建立学科秩序，那些基于概念和推理的实践才成为所谓的科学。不仅如此，诗意的直觉往往包含着科学研究与阐释的萌芽。在许多神话故事或叙事诗歌中，我们可以发现原始的科学阐释的痕迹，而这种阐释此后会变得愈加严谨。例如，奥维德①和达尔文本质上是在说同一件事情，奥维德以形象的方式描述，达尔文以严谨的方式推演，但在这两种思考中，我们都可以发现：变化是宇宙万物的核心驱动力。

另一个论据是，艺术家和科学家具有共同的动力：激情和求知欲。我们或许可以称之为“科学的力比多”，科学家身上确实存在着这样的激情并充斥

① 奥维德（Publius Ovidius Naso，公元前43－17年?），著名古罗马诗人。其著名长诗《变形记》讲述宇宙创始、神话英雄及历史故事，全诗以“宇宙万物都在变易中形成”为主旨。——译注

着他们的生活，有时甚至使他们的个人生活与科学活动界限模糊、难以区分。生活中的一切都是他们的研究内容，都是他们磨坊里的面粉。但是，科学家绝不是单纯进行理性思考的机器，理智和情感是相辅相成的，正如克洛德·贝尔纳①所言：“热情激活理智，理智引导热情。”

艺术家和科学家拥有共同的动力：对现实世界的惊讶与好奇心。显而易见，这本身就很富有诗意，很能激起诗意的情感。物理学家理查德·费曼②曾经说过：“孩子们在观察浴缸里的水或路上小水坑时所获得的快乐，可以使他们都成为物理学家。”诗人则会从自己的角度说出类似的话：“这将使每个孩子都成为诗人。”在大多数人已经对宇宙万物无动于衷的年纪，诗人和科学家仍然各自保持着童年时代的好奇心——对事物感到惊奇的能力。对于某些人来说，

---

① 克洛德·贝尔纳（Claude Bernard，1813—1878 年），法国医生和生理学家，被认为是实验医学的创始人之一。

② 理查德·费曼（Richard P. Feynman，1918—1988 年），美国著名物理学家，同时也是享誉全球的科普作家。他因量子电动力学方面的贡献与朱利安·施温格（Julian Schwinger）、朝永振一郎共同获得 1965 年诺贝尔物理学奖。

科学家们好奇的精神，本质上有时甚至比诗人更加令人赞叹，更具有吸引力。理查德·费曼一直这样认为，他甚至做了一个特别奇妙的比较：“如果一个诗人可以把木星比作人，会谈论他的战车，谈论他的大腿，但谈起木星是一个由甲烷和氨气构成的巨大球体时，诗人却默然无语，那他是怎样的诗人呢？”归根结底，木星是巨大的“气球”虽是事实，却比将木星比作人更加不可思议。同样的道理，我们何必抱怨人类登上了月球破坏了我们对月球的想象？正是科学家们的月球之行，使人类可以进一步向木星、海王星和其他所有的星球发送探测器，使人类的视野逐步跨越太阳系的界限。现在，人们已经发现了数百颗太阳系外的行星，而一个世纪前我们对它们还一无所知。

因此，好奇心是科学与艺术的先决条件，但却将科学与艺术引向两条不同的道路。人们既可以把自然作为研究对象，也可以把自然作为典范，或者对自然进行研究，或者与自然展开合作。艺术家选择像大自然一样工作。这就是毕加索所说的，“不能模仿自然（即不能复制或抄袭自然），但一定要像它一样工作”，也就是说要“长出自己的枝叶”。毕加索甚至还说：“我要让自己枝繁叶茂。”科学家把自然当作研究对象，从外部研究自然，但科学家们需要同时具有艺术家的品质。在这一点上，波德莱尔①和爱因斯坦的想法是一致的。波德莱尔说：“想象力是人类最科学的能力。”爱因斯坦则说：“想象力是科学萌芽的真正土壤。”

科学与艺术的共同点是好奇心、想象力以及抽象性。换句话说，选择客观现实的某些方面，将其置于放大镜下，对其单独进行加工或操作，这是艺术构思的第一步，也是科学研究的第一步。这开始的第一步，不是要使事物显现出来，而是使其消失不见。此后，科学家或艺术家们才开始各种思考，开始构思与阐释，进而创立理论或完成作品。简而言之，爱因斯坦说：“科学就是要从感官数据的迷宫中提取出特定的数据，赋予它们一定的概念，远超感知的概念，因此这些概念是自由的创造。”这些概

① 夏尔·皮埃尔·波德莱尔（Charles Pierre Baudelaire，1821—1867年），法国19世纪最著名的现代派诗人，象征派诗歌先驱，诗集《恶之花》为其代表作。——译注

念是科学家的创作，是他们的雕塑。

总结上述各点，我们就会发现：我们面对的是来自一个共同基质的两个实体，同一整体两个不同方向的分支。这一观察凸显了科学与艺术各自的局限性，过分致力于其中一个方向而忽略另一个方向，事实上都是一种冒险。过分依靠推理可能使科学陷入狭隘，过分倚仗直觉则可能使诗歌模糊而无力。亨利·米肖①在他的作品中主动使用了科学的语言，并以此为工具来批判诗歌的空泛。米肖认为，现代诗人往往属于纯粹的印象派，许多作品毫无价值，鱼目混珠，令人难以忍受。这种观点从一个侧面表明，诗人必须兼备理性与感性，并使二者达到一定的平衡。

在此我想提醒大家，艺术与科学这两个领域目前都正发生着巨大的变革。科学方面的变革是因为20世纪以来，尤其是量子物理学出现以来，一些原有的科学基础遭到破坏。当我们不再知道一只猫是

---

① 亨利·米肖（Henri Michaux，1899—1984年），出生于比利时的法国作家、诗人、画家。除了纯粹的诗歌作品外，他还创作真实的和幻想中的旅行笔记。

死了还是活着，当我们不再清楚一个粒子是在这里还是其他地方，或是同时出现在两地，很多事情似乎都变得具有可能性。这并不是说科学已经变得不那么严谨了，而是说它必须重新思考自己的基础。关于这个问题，米歇尔·比博尔①是这样说的："科学比以往任何时候都更注重可能性的分布，比以往任何时候都更不关注对现实的即时把握。"此处我想引用安德烈·布勒东②的话，他说："尽管从表现上看似乎与科学背道而驰，但总有一天，我们会以诗歌的精神来对待科学。我们可以扪心自问，是不是更自由了？是不是可以一直沿着这条道路走到尽头？"

当代的艺术家们并不满足于对科学的迷恋，他们有时甚至像科学家一样，采用理论的视角，将自己的作品联系于某种理论，然后再进行评价。相反，科学家们越来越成为自己研究的主要角色，他们既

---

① 米歇尔·比博尔（Michel Bitbol，1954年—），法国科学哲学家，研究量子力学和量子场论。

② 安德烈·布勒东（André Breton，1896—1966年），法国作家和诗人，超现实主义创始者之一，曾于1924年在巴黎发表《超现实主义宣言》。

是观察者，同时也是被观察者。现在的科学家们已经把自身纳入研究对象的范围，无论是量子物理学中的纠缠和测量中的悖论，还是认知科学之以大脑为研究对象，我们都是在研究我们自己。

与宇宙之无限复杂相比，科学有其自身的局限性，因为科学以可证伪性和可测量性为基石。人们必然只能测量可测量的东西，因此只能考察现实世界的一部分。然而，数学未必如此，数学虽然依靠规则和演绎推理，但它并不一定必须符合客观的物理现象。当数学受到物理学或其他自然现象的启发并应用于其中时，数学往往与物理事实相一致。但是，数学也可以在完全自由的空间里驰骋，在36维空间里或在虚数的旷野里嬉戏，没有人规定数学必须回应某个实验室里的实验。

在大家欣赏塞德里克·维拉尼美妙的作品之前，我想说：**数学是最自由的科学**。

目录

数学、科学与诗歌

我们应该认识到：数学是一门科学。基于这样或那样的理由，有些人喜欢说数学独立于科学之外。但是，数学首先是，而且归根结底是一门科学。持这种看法的人很多，我就是其中之一。与所有的科学一样，数学所追求的是描述世界，理解世界，作用于世界。描述、理解、应用，这正是科学的三大要义。

这三个特点在其他一些人类活动中也有所体现，因此，仅凭这三大要义还不足以准确地刻画科学研究。为了描述科学的特点，我们还必须恪守若干基本原则，而数学同样遵循这些基本原则。

第一个基本原则是先验怀疑。在科学中，只有逻辑链条能够引导我们相信事物的正确性，我们不诉诸权威，无论是一个人、一段文章，或者是一部作品，都不是正确性的保证。除非被严密而自洽的论证所说服，我们不会相信任何东西。

科学的基本原则还包括成果公开与同行评议。一项科研成果之所以是正确的，不是因为某个权威说它正确，而是因为同行的专家们对它进行了验证，接受了它之所以正确的理由。这不是一个简单的过程。尽管有很多质疑、争议以及偶尔出现的错误，但科学家们仍然坚守这个基本原则。成果公开，同行评议，没有人可以一言九鼎，只有准确性、论证的精确性以及无懈可击的结论才能屹立不倒。

不得不承认，相对于名不见经传的业余爱好者，人们事实上更容易相信一个著名的科学家。如果一篇声称解决了一个代数难题的文章的署名是让-皮埃尔·塞尔①，那么它就会比来自一个不为人所知的数学家的文章得到更多的信任。但是，这是人类关于科学理想的缺陷，两个作者在原则上应该被平等对待。事实上，有些数学家独立或几乎独立地从事研究工作，他们在没有任何名气的情况下，解决了重大的、连顶级专家都望而却步的数学问题，几年前的张益唐②就是如此，20 世纪 70 年代的罗杰·阿培里③也是如此，他们两人一开始都默默无闻，但都在 60 岁左右因为解决重大问题而一鸣惊人。

先验怀疑、应用逻辑、公开成果、同行评议，所有这些同样也都是数学的基本原则，这是我们认定数学是一门科学的原因。事实上，数学在这些方

---

① 让-皮埃尔·塞尔（Jean-Pierre Serre，1926 年—），法国数学家，1954 年因代数拓扑方面的成就获得菲尔兹奖，2003 年获得阿贝尔奖，被认为是 20 世纪最伟大的数学家之一。

② 张益唐，1955 年生于上海。1982 年毕业于北京大学数学系，1992 年在美国普渡大学获得博士学位，此后蛰伏 20 年，2012 年因为关于素数分布问题的研究成果而一鸣惊人。

③ 罗杰·阿培里（Roger Apéry，1916—1994 年），1977 年因为关于黎曼 ζ-函数的研究而名声大噪。

面表现得最为极端。在数学领域，我们只允许自己相信得到完全证明的东西。一个数学家不会说："在这些条件下，你可以推出这个结果。"他们会说："我将向你们证明这个结果，其详尽的细节和逻辑推理将使你不得不信服。"当然，这是理想化的情形，每个证明都不可能绝对详尽，它们都会有小细节的省略。但是，在原始文章的基础上，这些细节原则上都可以被逐步重构和验证。有些数学证明长达数百页，专家们的验证也要花费数年的时间。

数学猜想是一个引人入胜的话题。数学猜想是人们认为正确却无法证明的数学命题，在数学的世界中，每天都有猜想被证明，每天也都会诞生新的猜想。有些猜想比其他的猜想更加引人注目，哥德巴赫猜想①和角谷猜想②是其中最广为人知的两个。

---

① 这个猜想说：任何大于 2 的偶数都可以写成两个素数之和。——译注

② 考虑如下数字游戏：任取正整数 x，当它是偶数时计算 $x/2$，当它是奇数时计算 $3x+1$；然后，对计算的结果继续进行上述计算。角谷猜想断言：对任意正整数，上述游戏最终必然进入 $4 \rightarrow 2 \rightarrow 1 \rightarrow 4$ 的循环。——译注

不过，在数学家的心目中，最著名的猜想是黎曼假设①。有意思的是，黎曼假设已经在十万亿个例子上得到验证，而且从未发现反例，但是在数学家的眼中，十万亿个、甚至一百万亿个实例，都不能算是数学证明！数学对知识正确性的要求就是如此地严苛！

现在我要对前面的论述再做一些细致的补充。一方面，在所有的数学应用中，人们总是允许自己应用一些没有经过严格证明的陈述，人们相信这些陈述，因为它们得到了推理和经验的双重支持。另一方面，如果一个猜想得到足够证据的支持，数学家自己通常也倾向于相信这个猜想。他们并不认为这个猜想已经确立，但他们通常还是会相信它，并且用以指引自己的研究。此外，如果说演绎推理确实是确立数学真理的必由之路，那么，归纳推理和思想实验则是人们探寻这些真理的常规途径。然而无论如何，数学终究是一门对严谨性要求极高的

① 德国数学家黎曼（Georg Friedrich Bernhard Riemann，1826—1866年）于1859年提出的一个著名猜想，它牵涉到几乎所有的数学分支，是数学领域最重要的猜想。——译注

科学。

我们甚至可以在数学中看到科学的精髓，这不是说数学高于其他科学（即便爱因斯坦在他的演讲中曾经这么说[①]），而是因为科学的原则和科学推理在数学中被推向极致。演绎推理在数学中的地位无与伦比，严谨性的要求达到不合常理的高度。更加值得注意的是：数学纯粹是关乎概念的研究。在其他科学领域，在我们心中的概念和身外的实验之间存在着往来交互，数学则不然，它只与概念打交道。当然，概念可以受到现实的启发，寻求证明的过程也可能促使数学家们对实验结果的意义展开深入的思考，但是，这一切都发生在关于概念的战场之内。

数学也是一门非常有效的科学。众所周知，当今大多数重大的科技成就都包含着或多或少的数学，数学在其中所占的分量，代表着演绎推理对物质和

---

① 1921年1月，爱因斯坦在普鲁士科学院发表题为《几何学与经验》的演讲，他在演讲中曾说："数学之所以受到特别的尊重，高于所有其他科学，原因之一是它的定律是绝对确定的，无可争辩的，而其他科学的定律在某种程度上是有争议的，而且总有被新发现的事实推翻的危险。"

现实世界的支配力量。这种力量是如此之大，以至于有人认为，从根本上看，现实本身必然是一种抽象的数学构造！

因此，如果数学是一门艺术，或者说如果要在所有艺术中找到一门与数学类似的艺术，那么，应该是设计。在设计中，我们发现了数学中同样存在的两面性，同样的二元性，或者说是辩证性：一方面是和谐、抽象、美感，而另一方面则是它的实用性。你设计的东西必须是优雅的、实在的、有用的，一张桌子必须是漂亮的、坚实的、便于使用的。数学也是一样，一个结果要得到完美的赞誉，它就必须是优美的、独创的，并且同时又是有用的。我们从日常生活中可以体会到这一点，无论是天气预报、行程计算还是自动翻译，如果没有数学，所有这些成就都不会存在。就像桌子和椅子一样，我们身边到处都是数学，它在自然界以及科技界都无所不在，但在数学发挥其优越作用的时候，我们往往不会注意到它的存在。收发短信或者搜索网络时，我们不需要知道其背后的数学原理，也不需要知道电磁学、电子学、材料学等各种科学知识。

而如果数学是一种文学体裁呢？那么它肯定是诗，这就是桑戈尔在思考其系列讲座中祭司的语言表达时本能的感受[①]。我曾在《一个定理的诞生》[②]一书中，逐字逐句地再现职业数学家们的对话，而该书的许多读者也提请我注意这个类比。[③]外来的、料想之外的元素在语句中的出现可以带来诗意，人们可能会在一些词语中发现美感，这些词语疏离于语境，充满神秘的感觉。这有点像我们聆听一首外语歌曲时，虽然我们听不懂它的具体内容，却能够从中感受到一种相当神秘的旋律力量——不过，当翻译打破这种神秘感时，它很可能会让我

---

① 列奥波尔德·塞达·桑戈尔（Léopold Sédar Senghor，1906—2001年），塞内加尔诗人、教师、政治家。作为学者，桑戈尔是声名卓著的诗人，并曾通过法国的大学教师资格会考；作为政治家，他不仅曾经连任五届塞内加尔总统，而且是非洲民族解放运动的先驱。有意思的是，据达喀尔谢赫·安达·迪奥普大学科技学院前院长、塞内加尔数学家哈梅特·塞迪回忆，“数学是科学的诗歌”这句话正出自桑戈尔之口，是他在达喀尔一个国际数学会议的开幕式致辞中最精彩的一句。

② 此书有中译本，马跃、杨宛艺译，人民邮电出版社2016年出版。——译注

③ 一位热情而有修养的读者在给作者的信中说：“先生，你的散文是后马拉美的和前象征主义的，还是前解释主义的？”

们失望！事实上，洛特雷阿蒙在他的《马尔多罗之歌》[1] 中就使用了数学术语，而那绝对不是一次失败的实验。

很多属于日常语言的词汇都被数学家们赋予特别的意义。例如，在数学领域，一个“环”不是人们套在手指上的指环，而是一个具有特定性质的代数结构，其中有一个零元，有满足交换律和结合律的、可以称为加法和乘法的两种运算……类似地，“谱”、“体”以及数以百计的其他词汇，在数学中也都有自己的定义。因此，当非专业人士听到这些被数学家们用于特殊目的的专业术语时，他们很容易从中感觉到诗意[2]。

通过形状和视觉，我们同样可以将数学对象置

---

① 洛特雷阿蒙（Comte de Lautréamont，1846—1870 年），法国诗人，被超现实主义奉为先驱。长篇散文诗《马尔多罗之歌》是其代表作，其中不仅出现数学术语，更多的是数以百计的动物名称以及相关的极为夸张而狂野的文句。——译注

② 例如，前注所引数学家哈梅特·塞迪有一篇论文的标题是《关于零特征优环的理论》，其数学上的含义非常精确，但很容易被误认为是乌力波诗派的诗句。

于陌生的环境之中，曼·雷[①]在20世纪30年代对亨利·庞加莱学院的几何模型所做的拍摄，就是一次这样的尝试。曼·雷不仅欣赏曲线的形式美和这些几何模型的美感，而且对它们是由人手所制作、代表诞生于人脑中的概念这一事实感到着迷。他虽然不懂其中的数学，但直觉上感受到了它们的意义。类似地，当你听到外语时，你所听到的不仅仅是具有旋律的声音，而且还知道一些人类兄弟能够理解它们的意义，这让它们变得更加有趣。

从曼·雷所拍摄的照片出发，他以数学对象为对象进行绘画创作，而这些画作看起来仿佛是人脸或面具[②]。他对其他许多物体也如法炮制，并因此创造出被称为“莎士比亚方程”的系列作品。这些作品中，每一件的艺术效果都指向原始对象以外的事

---

① 曼·雷（Man Ray，1890—1979年），美国著名达达主义和超现实主义艺术家，他发明过许多特殊的摄影技法，其摄影作品的艺术价值极高。雷关于摄影的名言：“与其拍摄一个东西，不如拍摄一个意念；与其拍摄一个意念，不如拍摄一个幻梦。”——译注

② 这些画作是曼·雷参观庞加莱学院受到启发而创作的，具体可参见伊莎贝尔·福图内所著《曼·雷与数学对象》、温迪·格罗斯曼等主编的《曼·雷——人类方程：从数学到莎士比亚的旅程》。

物，它们的倾诉对象是所有人类的全体，而不仅仅是一个特定的小圈子。

在结束这一节之前，请允许我最后再称引一位作家，一位伟大的诗体小说家和优秀的数学家，他的真名是查尔斯·道奇森，但以刘易斯·卡罗尔之名闻名于世。许多人惊奇地发现，除了逻辑学著作之外，道奇森还曾经创作过儿童读物。道奇森性情严谨而保守，他很少在公开场合暗示自己具有丰富的想象力。然而可以肯定的是，以他的思维方式看来，一切事物都是相互联系着的。《爱丽丝漫游奇境记》和《爱丽丝镜中奇遇记》是道奇森最广为人知的作品。这些故事中充满了数学概念、逻辑谜题、无厘头诗歌、多义词游戏，以及以精心设计的规则构建的新词①。正是因为其独特的艺术天分，他才能够赋予数学以独特的诗意。

---

① 例如，在《爱丽丝镜中奇遇记》中，白骑士（国际象棋中白方的马）向爱丽丝解释名字与名字的区别，这让人不禁浮想联翩：软件工程师会联想到计算机语言中，指针的地址与被引用对象地址的区别，数学家会联想到集合与定义集合的属性的区别，逻辑学家则会联想到哥德尔在证明其著名的不完备性定理时，对命题编号的讨论。

约束与创造力

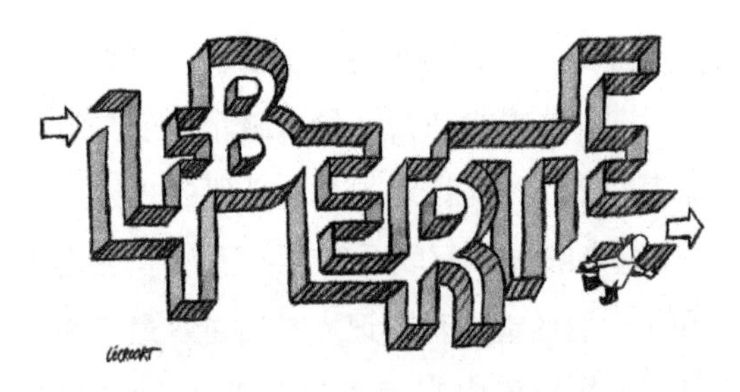

诗歌与数学之间的一个重要联系是约束的重要性。对我来说，约束与创造力密不可分，我甚至不止一次在演讲中提出，它们是产生新思想的七大要素的核心[1]。

约束条件在数学中随处可见。从某种意义上说，数学是一门关于规则以及从规则中可以推导出什么的科学。数学以尽可能少地使用规则和假设为荣

---

① 参见作者题为《新思想的产生》的演讲 DVD。

（想想欧几里得的第五公理，即“平行假设”，经过长达数世纪的努力，高斯、罗巴切夫斯基和鲍伊[1]才最终证明它独立于前四个公理），但是它首先要求完美的逻辑推理，而这本身就是一种非凡的约束。数学的伟大之处在于其创造性的成果，尽管存在诸多约束，它仍然在极少数基本命题的基础上，获得无数正确的结果。

对于诗歌，无论是古代的散文诗还是现代的格律诗，规则都起着极其重要的作用。设计出新的规则（或者说约束条件），就有可能创造出新的文学流派。想想半个多世纪前由诗人、小说家和数学家组成的著名的乌力波[2]，这个文学团体的共同创始人雷蒙·格诺[3]用他的“百万亿首诗”向世人证明了组合学威力之强大，通过诗句不同的排列组合，人们

---

① 这三位数学家几乎同时但又相互独立地证明了“平行假设”的独立性，并因此各自创立了非欧几里得几何学。——译注

② 乌力波是“Oulipo”的音译，为法语“Ouvroir de Littérature Potentielle”的缩写，意为“潜在文学工场”，是一个创立于1960年的文学团体。

③ 雷蒙·格诺（Raymond Queneau，1903—1976年），法国小说家、诗人、剧作家、数学家，文学社团“乌力波”的创始人之一。

可以创造出无数形式各异的诗歌。那么，当人们将任意的数学规则应用于文本时，又将会是什么样的情形？其结果可能让人既感到惊讶又觉得美妙。我们以所谓的“S+7”规则为例，这个规则规定，当我们遇到一个感兴趣的词汇时，无论它是名词、形容词还是动词，我们都要去查一本特定的字典，用字典中该单词之后的第七个单词来代替它。这样做很傻，不是吗？格诺把这个规则应用到拉·封丹的寓言《知了与蚂蚁》的开头数行，原来的诗句是：

整整一个夏天
知了都在歌唱
在秋风到来的时候
她深深感到缺粮的恐慌
没有存储任何一点点
苍蝇和虫子
于是她来到邻居蚂蚁家
诉说她的饥荒……

格诺对其中十多个单词用“S+7”规则进行替

换，得到这样的结果：

一个喷嚏之间
檐口的饰物总是切割着
在胭脂树变绿的时候
它深深地装套着洁净
没有任何性感的蛱蝶
鼬鼠或公猪
于是在火山熔岩之中
她钩织着流苏……①

---

① 拉·封丹的原文是：

La cigale, ayant chanté
Tout l'été,
Se trouva fort dépourvue
Quand la bise fut venue.
Pas un seul morceau
de mouche ou de vermisseau.
Elle alla crier famine
Chez la fourmi sa voisine ...

格诺得到的结果是：

La cimaise ayant chaponné
Tout l'éternueur
Se tuba fort dépurative
Quand la bixacée fut verdie:

奇妙的是，即便拉·封丹的著名寓言因为词汇替换而变得光怪陆离（尽管中文翻译减少了这种色彩），人们仍然能看出诗句的框架。格诺的这个文本，既具美感又相当有趣，而当我们得知它是应用数学规则的结果时，其魅力便又增加了许多。如此简单的一个规则就能把世界上下颠倒、里外翻转，无论是关于诗歌还是关于数学，这都是一件非常令人着迷的事情。

这种对约束的迷恋，目前仍然以不同的方式在实验性漫画艺术家埃蒂安·勒克罗阿尔[①]的作品中得到延续。勒克罗阿尔是乌力波的重要成员和传承人，本书每一节开始处的插图都是他的作品。在勒克罗阿尔的一本书中，只要以特定的方式折叠书页，然

Pas un sexué pétrographique morio
De moufette ou de verrat.
Elle allea crocha frange
Chez la fraction sa volcanique …

① 埃蒂安·勒克罗阿尔（Etienne Lécroart，1960年—），法国著名漫画艺术家，思想及创作风格深受20世纪80年代全球资本主义大发展、大众媒体进一步普及、人民财富差异扩大以及电子音乐和嘻哈音乐流行等时代环境的影响。——译注

后将相邻接的部分连接在一起，就会产生一个意义完全不同的新故事。他的一些包含有语音和图像的作品是回文式的，它们可以从头读到尾，或者反过来读，而另外一些作品则遵循更为复杂的限制规则。

另一种在诗意中引入数学的方法是不合常理地运用数学规则。在一部“后形而上学”的著作中，鲍里斯·维安[①]沉迷于一个疯狂的想法：尝试各种各样的“神算法”。[②] 维安根据不同的情况提出不同的方法，其结果可能是$1+x$、0，或者相比之下更复杂的东西。应用这些规则的结果具有绝对的任意性，但因为一个类似于法国儿歌《三只小猫》的连接诗句的程序，它们给人以具备逻辑性的表象。简而言之，维安沉溺于数学形式主义的文字游戏，获得的则是鲁莽灭裂式的荒诞。

---

① 鲍里斯·维安（Boris Vian，1920—1959 年），法国作家、诗人、音乐家、歌唱家、翻译家、评论家、演员、发明家和工程师，对法国爵士音乐的发展颇有影响，其以笔名弗农·苏利文（Vernon Sullivan）发表《岁月的泡沫》《我唾弃你们的坟墓》等小说，在法国现代文学中亦有一席之地。——译注

② 参见鲍里斯·维安《用简单而虚假的方法计算神数的备忘录》。

鲍里斯·维安很喜欢数学，像诗人和作曲家莱奥·费雷[1]一样，他有时会在自己的作品中掺入一点数学知识。维安说，自诩不懂数学在法国是很常见的事，但他对这种现实相当鄙视。他曾说："我认为，对数学一无所知的人是无可救药的白痴，我不认为因为不懂数学而成为白痴有什么值得骄傲的地方。"维安并不轻易用语言得罪他人，但是，数学家们无数次听到人们自豪地说："数学？我从来就不懂那个！"他们完全能够理解维安的心情。

① 莱奥·费雷（Léo Ferré，1916—1993 年）摩纳哥诗人、作曲家、表演艺术家，二战后法国歌坛的传奇。一生共发行约 40 张专辑，包括《时光如流水》（*Avec le temps*）、《这很棒》（*C'est extra*）、《漂亮女孩》（*Jolie Môme*）和《巴黎无赖》（*Paris canaille*）等在内的许多歌曲已成为法国被传唱的经典。

3 灵感

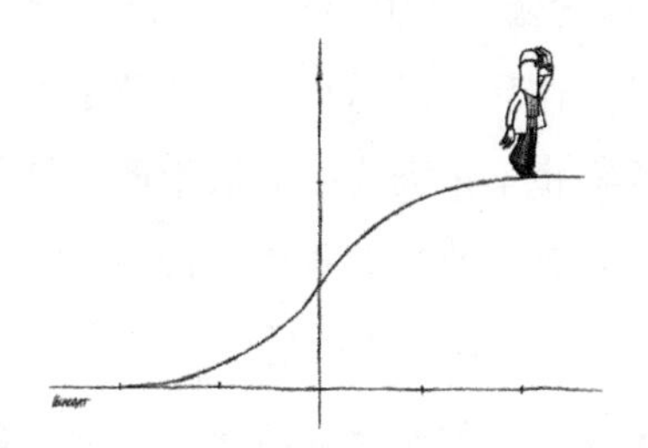

数学和诗歌的另一个共同特点是灵感的重要性。尤为重要的是，数学概念可以激发诗歌艺术创作的灵感（不过，我不知道是否有诗歌激发数学灵感的例子）。值得特别称引的是荷兰版画家莫里茨·埃舍尔①，他在创作实践中使用了大量的数学概念。比

① 莫里茨·科内利斯·埃舍尔（Maurits Cornelis Escher，1898—1972年），荷兰版画家，因其绘画中的数学性而闻名，其作品中经常出现对称、密铺、分形、非欧几里得几何等数学概念的形象表达。——译注

如，埃舍尔那幅著名的两只手互相描绘的作品，使用了“递归”，也就是“应用于自身”的性质；又比如，在许多令人拍案叫绝的密铺图案中，埃舍尔使用了非欧几里得几何的概念和知识；再比如，埃舍尔应用“相对性”这个数学概念，创作出表现“一个抽象概念像在梦中一样通向另一个概念”的同名版画。这些作品不是以让人理解数学为目的的数学科普著作，也不是因为研究数学而不得不使用数学规则，它们是从数学思想中汲取灵感的结果，具有独立于数学之外的艺术价值。

在我看来，这似乎是连接艺术世界和数学世界的一种重要途径，我自己偶尔也有所尝试，例如，在《一个定理的诞生》中，我试图给谢弗尔-斯尼雷尔曼看似荒谬的定理赋予生命。① 谢弗尔-斯尼雷尔曼定理是流体力学中一个“最令人惊讶的结果”，它指出：非黏性、不可压缩的液体可以在没有任何外力的情况下突然出现激烈的扰动。它的数学表述相当艰涩难懂（“带紧支集的不可压缩的欧拉方程存

① 塞德里克·维拉尼：《一个定理的诞生》，第15章。

在非空分布解”），勒克罗阿尔在本章开始处的幽默画作，给这一思想赋予了一种视觉表达，在某种程度上使它走出了数学的象牙塔。

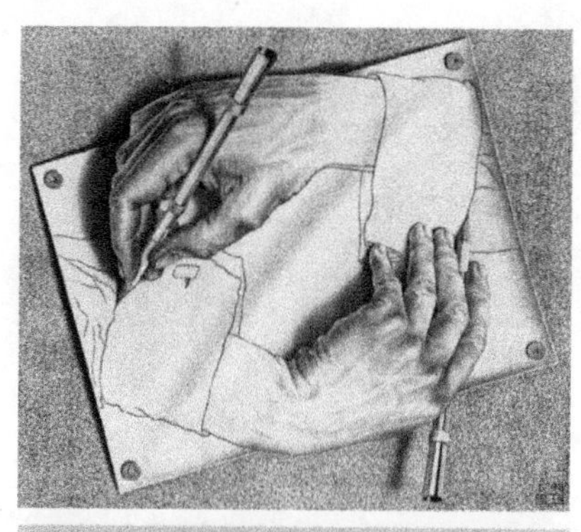

4

关联

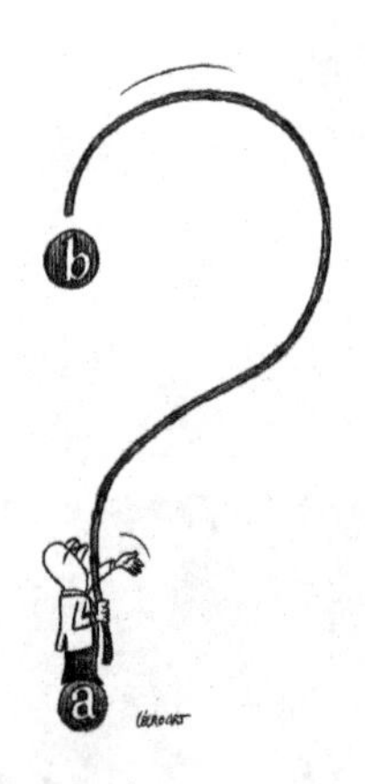

到目前为止，我所提到的数学与诗歌之间的联系，所涉及的是外在于数学的东西：与读者和作者的相互作用，文学与数学的相互作用，数学理论在我们世界中的体现，等等。

我们现在可以问自己一个问题：数学是否具有

与艺术家们的目光无关的、内在的、固有的诗性？想想生活在自我世界里的数学家，即使他们不寻求交流，他们在工作中是否存在富有诗意的形态？正如人们猜想的那样，答案是肯定的。

首先，在数学领域里，人们永远在寻找联系、类比和比较，而这些正是典型的诗歌程式。我曾试图在我的《一个定理的诞生》一书中赋予它们深奥的结构：数学家听了法国歌手格里布耶[①]演唱根据让-马里·于雅赫[②]的诗所写的一首歌，然后开始工作，思考数学问题中的联系，这使他再次想起这首歌。[③] 在研究工作中，数学家在两个非常不同的对象之间建立了联系，因而也在他的成果和这首歌曲之

---

① 原名玛丽-弗朗西斯·盖特（Marie-France Gaîté，1941—1968年），20世纪60年代著名歌手和作曲家，其著名作品流传至今，其中包括《夫人，为您的健康干杯》（*À ta santé madame*）、《随波逐流》（*A vau l'eau*）、《失乐园》（*Paradis perdus*）等。格里布耶（Gribouille）是盖特的绰号，法语原意为潦草，含有天真、愚笨但快乐的意思。——译注

② 让-马里·于雅赫（Jean-Marie Huard），法国诗人和词作者，《水手与玫瑰》是其最著名的歌词作品，作曲者为克劳德·平戈（Claude Pingault，1902—1991年）。——译注

③ 塞德里克·维拉尼：《一个定理的诞生》，第25章。

间建立了联系，但从它们表面上看，可以说是风马牛不相及，因为，在这首歌曲中，产生联系的是一个水手和一朵玫瑰，两者之间根本就毫不相干。

事实上，在看似完全没有关系的事物之间建立联系，这在数学领域有着悠久而辉煌的历史，例子多如牛毛：高斯、伽罗华、黎曼、庞加莱、巴舍利耶、诺瑟、塞尔、格罗滕迪克、格罗莫夫、怀尔斯、朗兰兹、瑟斯顿、利布和蒂林、劳勒、施拉姆和维尔纳，以及其他很多数学家或数学家团队，都因为发现他人未曾察觉的联系而名垂青史。

在我的研究中，灵感经常引导我去建立这种联系，例如在几何学问题和统计物理学问题之间的联系。事实上，作为一个数学家团队的一员，我曾经很幸运地与同事们一起发现非欧几何学（里奇曲率)、最优化（最优运输）和统计物理学（熵）之间密切相关，并因此发现了不同的人为了不同的目的，在不同的理论中发展起来，以不同的方式表述的概念之间的联系。这种思维方式是数学中许多进展和著名结果的基础，它让问题的关键部分变得清晰，有时也使问题以出人意料的方式获得解决。“所谓数学，”正如庞加莱所说，“就是给不同的事物赋予相同名称的艺术。”① 那么，为什么这种艺术相对地盛行于数学领域，而不是在其他科学门类中呢？原因或许是因为数学家思考的对象是抽象的观念，而观念的抽象性又往往是各种物理现象的固有属性。

在数学领域内，也许在整个科学的范围之内，最令人震惊的结果之一是中心极限定理(或称为误差定律)。这个定理说，事先选择一个适当的测量水平之后，把独立的随机误差加在一起的结果永远是一条钟形曲线，表示着小误差的高概率和大误差的极低概率。尽管谁都不会想到这些现象之间存在关联，但在民意测验、水位波动、受激粒子的运动以及人的身高分布中，我们都可以观察到相同的曲线。换句话说，一个抽象的概念在物理世界中可能会有许多不同的呈现形式。不同事物之间的联系是数学的基础，同样也是诗歌的核心。诗人们通过形象、寓言以及比喻等不同种类的手段，在不同的事物之间，在一个对象和一个日常生活的瞬间之间建立起联系。

---

① 庞加莱：《科学与方法》，商务印书馆，2006年，第1章。

5

便携的宇宙

数学和诗歌可以相比拟的另一个原因是：它们都有重新创造宇宙的雄心——创造一个便携的宇宙，一个我们可以装进脑海、随身携带的宇宙。数学家将物理世界转化为若干个方程，将它们牢牢地记在心里，然后再在纸上进行研究。与此相似，诗人在有限的几段诗歌里，重新创造一个世界，让读者进行自己的解读。

实事求是地说，现实世界的某些方面极其难以理解，我们只能把它们当成寓言或遐思。但是，数学给我们提供了一种描述方式，用公式赋予它们一定的形象。想一想木星这样遥远的行星，或者数百万光年之外人类永远不可能涉足的恒星。尽管遥不可及，但经过抽象，仅仅几行字符，我们就可以用牛顿万有引力定律来描述它们的运动。通过这种方式，我们可以预知它们在天文时间尺度下的未来将要发生的变化。事实上，我们在一个受到严格限制的概念空间里，重新创造了一个在某种意义上我们可以掌握的宇宙。用爱因斯坦的名言来说，宇宙最不可理解的地方就是它是可以理解的。① 数学通过公式和方程进行再创造，而这从根源上与诗歌密切相关，因为从词源上看，“诗歌”一词源于希腊语，它本来的意思就是创造。

我喜欢在我的讲座中提起一首著名的诗歌，即

---

① 这是对爱因斯坦原话的不很准确的重新组织，爱因斯坦的原话见于他 1936 年的一篇文章，具体可参见爱丽丝·卡拉普里斯编《新编爱因斯坦名言集》，普林斯顿大学出版社 2000 年版。

阿尔弗雷德·丁尼生[①]的《夏洛特姑娘》。诗人叙述了一个亚瑟王时代的传说，在这个传说中，一位出身高贵的年轻姑娘不幸受到不公正的诅咒，她无法直接使用肉眼，只能通过镜子的反射来观察世界。有一天，她发现无比英俊的兰斯洛特爵士经过她的塔楼，她情不自禁地用肉眼直视这位骑士，然后因为诅咒的作用而失去性命。这首悲剧性的诗歌存在很多不同的解读。丁尼生到底想说什么？当作者没有明确地表达自己意思的时候，诗歌的解读者有权放飞自己的想象力。因此，我有权并乐意把这个故事看作一则关于数学的寓言：数学家们无法像物理学家那样通过实验直接认识世界，他们只能通过其数学来间接地反映世界，或者说用方程来研究世界。

① 阿尔弗雷德·丁尼生（Alfred lord Tennyson，1809—1892年），英国维多利亚时代最著名的诗人。——译注

6

文字的形式

诗歌非常重视文字和文字的形式，重视它们的感染力，重视它们能够在读者心中唤起的想象和留下的印象。与诗歌相比，如果说有一门科学的语言具有可相比拟的重要性，甚至还更加重要，那么它无疑就是数学。数学本身就是一门语言，事实上它是一门卓越的精确科学的语言。① 物理学家很少表现出与数学家同等程度的严谨性，但他们依靠数学来表述他们的科学发现，用数学的形式将他们的研究成果公之于众。

更重要的是，数学已经成为一种通用语言，事实上是当前极少数全世界到处都在使用的通用语言之一。从某种意义上说，它甚至比音乐更具有普遍性，因为，虽然各民族都喜好音乐，但音乐的约定在不同文化中各不相同，而数学领域中的约定却几乎处处相同。数学是一种通用语言，在这种语言中，人们确切地知道每一个语句的意思，知道各种符号在这种语言中的重要意义。使用符号不仅仅是因为数学证明，也是为了精确地传达思想和印象②。例如，如果我对你说“epsilon”，你想到的是希腊字母“ε”，但如果我告诉你一个数字是“epsilon”，你马上就会对自己说“哦，它一定非常小”。所有的数学家和具备良好数学修养的人都知道，数学中的“ε”

---

① 人们也曾尝试过将数学用作人文科学的语言，但我们不得不说，这种尝试并不怎么成功。

② 塞德里克·维拉尼：《数学家的写作》。

指非常小的数值，其名称意味着它在数学证明中可以取任意小的数值。事实上，数学的每一个领域都有类似的约定：符号 $f(x)$ 代表一个以 x 为变量的函数，大写字母 M 表示一个流形，如此等等。许多数学中的约定都传达着特定的意思，而诗歌中的关键词语则承载着特定的意象，带着特定的信息、语境及语义场。毫无疑问，诗歌与数学在这方面是极为相似的。

新视角

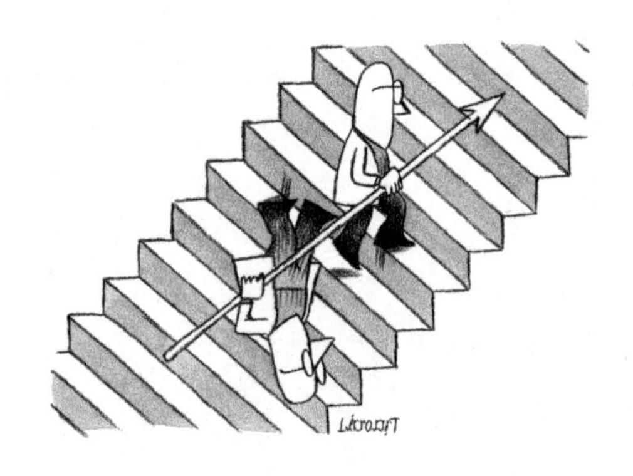

数学的首要属性是它的创造性，它首先是一门创造性科学。与一般高水平的数学家相比，出类拔萃的数学家以全新的视角观察和思考，他们创造、他们理解、他们重新塑造数学。与此相似，优秀的诗人从平凡中发现不平凡，然后创造出新的表达方式，用文字和意象来传达他们的发现。

我们在众多的例子中，列举其中的两个（如果你不明白其中的数学，那也没有关系）：罗马尼亚数学家丹-维吉尔·维库列斯库用布鲁恩-闵可夫斯基不等式（几何分析中的一个经典定理）对香农-斯坦姆不等式（信息论中的一个著名不等式）不可思议的证明，为解读这个结果提供了完全出乎意料的视角，促使专家们用很长的时间，重新思考他们原以为了如指掌的事物的意义。而格罗滕迪克[①]对黎曼-罗赫定理令人错愕不已的证明，[②] 则彻底改变了数学家们对这个定理的看法。我们可以说，天才就是发现别人根本想象不到的东西，率先把其中的奥秘展示在世人的面前。

让人击节称叹的有时是数学家们的研究成果，

---

① 亚历山大·格罗滕迪克（Alexander Grothendieck，1928—2014 年），出生于德国的俄裔法国籍数学家，现代代数几何的奠基者，被很多数学家认为是 20 世纪最伟大的数学家之一。——译注

② 对这两项伟大成果的细节有兴趣的读者可参阅如下文献：

（1）S. J. Szarek and D. Voiculescu, *Shannon's Entropy Power Inequality via Restricted Minkowski Sums* [2000], in V. D. Milman and G. Schechtman eds., *Geometric Aspects of Functional Analysis*, *Lecture Notes in Mathematics*, vol. 1745 (Berlin: Springer, 2007), p. 257-262.

（2）A. Grothendieck, *Classes de faisceaux et théorème de Riemann-Roch* [1957]; published in *Séminaire de géométrie algébrique* [*SGA 6*], *Lecture Notes in Mathematics 225* (Berlin: Springer, 1971).

有时则是他们使用的工具。三角不等式是几何学中最基本的不等式之一，但格罗莫夫[1]展示了这类最基本工具在数学研究中的强大威力，使整个几何学界目瞪口呆。换句话说，令几何学家们惊讶的是，格罗莫夫应用最基本的数学工具时表现出的无与伦比的创造力。

数学家的成就当然离不开辛勤的劳动，但灵感同样不可或缺。没有灵感，数学家就不可能走得很远，这点与诗人也颇为相像。伟大的数学家索菲亚·柯瓦列夫斯卡娅曾经说："没有诗人的灵魂就不能成为数学家。"[2] 灵感可以来自一次观察、一个新的概念、一篇新的文章、一番计算，也可以来自任何其他事物。有时候，在读到一篇这样的文章时，其中的灵感会让数学家的脑海里充满由钦佩与敬畏带来的眩晕感：这，究竟是怎么想到的?!

---

① 米哈伊尔·格罗莫夫（Mikhail Gromov，1943 年—），著名法国籍俄罗斯数学家，2009 年因为"对几何学作出了革命性贡献"而获得阿贝尔奖。——译注

② 见于柯瓦列夫斯卡娅写给沙贝尔斯斯卡娅夫人的书信，略有不同的版本见于柯瓦列夫斯卡娅所著的《俄罗斯童年》。

以经济学家和数学家约翰·纳什[1]为例，“熵”是所有统计学家们都熟知的概念，但纳什发现，作为一种可能的解释，熵可以用于研究耗散方程，并得出关于正则性的意想不到的信息。此后，格里戈里·佩雷尔曼[2]又将熵用于微妙的分析控制，成为解决庞加莱猜想的关键之一。纳什和佩雷尔曼都能从不同的角度来看待熵，这体现出他们天才的探寻新视角的能力。近几十年来，最伟大的数学家也都有同样的本领，他们把伟大的数学探秘过程，变成真正的充满曲折的侦探故事。

值得注意的是，有时正是由于数学家的见解具有美妙而出人意料的特点，使得人们更容易相信它的合理性。我们再次以庞加莱猜想为例，这个猜想

① 约翰·纳什（John Nash，1928—2015年），美国著名数学家和经济学家，因为在均衡理论方面的开创性贡献，于1994年与另两位博弈论专家共同获得诺贝尔经济学奖。——译注

② 格里戈里·佩雷尔曼（Григорий Яковлевич Перельман，1966年—），俄罗斯数学家，2003年攻克美国克莱数学研究所“七大数学难题”之一的庞加莱猜想，因此获得菲尔茨奖与克莱数学研究所百万美元的“千禧年数学大奖”，但拒绝领奖，隐居不出。——译注

是拓扑学的里程碑，它刺激了整个20世纪的拓扑学研究，在将近100年之后才最终得到证明。①在20世纪20年代中期，具有远见卓识的年轻的美国几何学家威廉·瑟斯顿②登上了历史的舞台。瑟斯顿并没有能够成功地证明庞加莱猜想，但他确凿地表明，如果这个猜想成立，那么它将构成一个非凡的、具有人们做梦都没有想到过的特征的数学景观的一部分。我们可以用动物学的例子来做比喻：当你遇到一个新的动物物种时，一位动物分类学家告诉你说：“这只是许多物种中的一个，它属于一个全新的属，这就是这个属应该有的样子。我敢肯定，我们还会发现其他物种，会发现具有某一种特征的物种，发现

---

① 参见 Masha Gessen, *Perfect Rigor: A Genius and the Mathematical Breakthrough of the Century* (Boston: Houghton Mifflin Harcourt, 2009)。

② 威廉·瑟斯顿（Thurston William，1946—2012年），伟大的美国数学家，1982年获菲尔兹奖，2012年因癌症去世。瑟斯顿的伟大贡献是提出所谓“几何化猜想”，这个猜想认为，所有闭三维空间都可以用八个标准几何结构来描述。他提出的八个标准空间构成本段所说的壮丽的“数学景观”，而庞加莱猜想则成为这个景观的一部分。事实上，佩雷尔曼正是通过证明几何化猜想而证明庞加莱猜想，相关内容可参阅《数学无处不用》，世界知识出版社即出，第24篇。——译注

具有另一种特征的物种，还有具有其他特征的物种……”如果一种见解是如此美妙、如此和谐、如此让我们叹为观止，我们就一定会被它的魅力所征服——它是如此美妙，我们会对自己说，它毫无疑问必然是正确的！这，正是发生在瑟斯顿身上的事情。在他出现之前，数学家们并不确定他们是否应该努力去尝试证明庞加莱猜想。然而，瑟斯顿表明，庞加莱猜想是一个巨大的、以前未曾想象过的数学景观的一部分，这个景观是如此壮丽，以至于每个人都开始相信它必然存在。通过对庞加莱猜想的重新解读，瑟斯顿成功地向数学界展示了一个全新的世界。从这个意义上看，瑟斯顿就是一个诗人。

此外，诗歌一词有时在科学家中也被用来表示钦佩。开尔文勋爵是他所处的时代最伟大的物理学家之一，他就曾称赞其前辈数学家傅立叶的理论是“数学的诗歌”。

如果考虑伴随创造而来的激情、面对空白纸张时的焦虑、灵感的消长以及直觉的作用，那么数学创造与诗意创作之间的相似关系还可以进一步延伸。庞加莱说过，在教育方面，父母能传递给孩子的最重要的东西，就是对自然界的好奇心。理所当然地，对数学家而言，最宝贵的财富是痴迷于数学问题以及陶醉于数学美感的天性。

在本章的最后，我想着重提一下“风格”，它是艺术家、诗人和数学家都非常重视的东西。数学家们各有不同的风格，他们处理问题的方式、陈述问题的方式和解决问题的方式各不相同。格罗滕迪克在他的《收获与播种：一个数学家的思考与见证》[①]一书中用很长的篇幅讨论过这个话题，而且写得非常精彩，他把自己解决数学问题的风格比作把一颗坚果浸泡在润肤液中，使坚果壳不费吹灰之力地自行裂开。庞加莱的粗疏不拘、托姆巫术般的简洁、布尔盖恩技巧的铺张、杜布的清晰明了……与其他许多风格一样，数学家们对所有这些风格都早已有所评论。赫尔曼德尔年轻时的风格是明快而不严谨，这与他年长时严谨的风格几乎判若两人。在我自己的数学家生涯中，我曾经借鉴过我所钦佩的不同作

---

① 这是格罗滕迪克未出版的遗作，pdf 格式文献可见于如下网址：https://uberty.org/wp-content/uploads/2015/12/Grothendeick-RetS.pdf。

者的风格，就像艺术家从一个又一个艺术家的作品中寻找灵感，然后在他们的基础上创造出自己的风格那样，一方面是对先行者的反动，另一方面又追随他们的引领。像赫尔曼德尔和其他许多人一样，我的风格多年来一直都在演变，而我对此基本上无能为力。①

---

① 我的第一本书是《最优输运》，它因其清新而不拘一格的写作风格而备受称赞。然而在十多年后的今天，我真不明白，我当时怎么会允许自己以如此不严肃的方式写作！

8 庞加莱与公共马车

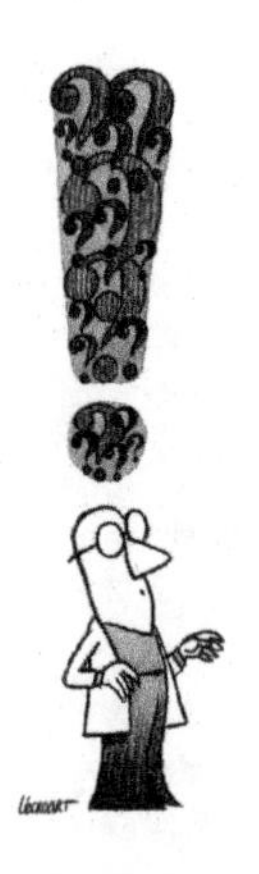

灵感是怎么来的？这完全没有规律可循。事情往往是这样的：在长时间的努力之后，灵光一现，灵机一动，灵感忽然就出现了。我觉得，数学家和诗人在这方面并没有太大的区别。在《一个定理的诞生》中，我曾提及一些突如其来的灵感的事例，它们的出现有时突然而毫无征兆，有时是由于一系列事件的激发，有时则是因为特定的氛围，或者无足轻重的举动而诱发。

关于这个问题，我把发言权交给亨利·庞加莱和他那篇著名的关于数学发现的文章。这篇文章题为《数学创造》，我们将在附录中全文转录。在这篇文章中，庞加莱讨论了无意识机制、在描述数学情境时的类比，以及在建立不同元素之间的联系时的角色，以全新视角考察对象的重要性，以及灵感本身的作用。灵感不仅可以来自先前的发现，也可以来自周围的环境，来自一首诗或一段音乐，甚至来自任何其他东西。①

在努力解决棘手的问题时，伟大的数学家心中所想的都是些什么？庞加莱的文章对此给出了迄今最好的一番描述。庞加莱有意不加解释地在面向非

---

① 时间紧迫的读者可以只阅读这篇文章的核心部分，也就是其最著名的段落。在这些段落中，理解富克斯函数所需的灵感，来自某天晚上喝下的黑咖啡，来自在库坦斯跨上公共马车的一刹那，来自海边悬崖上的行走，还来自在瓦莱里安穿过一条街道的动作。对时间充裕的读者，我建议读完整篇文章，这虽然需要花费更多的时间，但阅读这位数学家令人愉快的散文，将带来极大的乐趣。

专业读者的书中使用科学术语。人们通常认为，作者不应该让读者的注意力被无关的细节所分散，比如说，如果读者忙于找出θ-富克斯函数的意思，他就很容易忽略像喝黑咖啡或乘坐公共马车这样的小细节。然而，是否理解技术细节并不重要，庞加莱正是希望读者回避难点，将注意力集中到公共马车和环境等方面。

同时我们还应该注意到，在科学研究中，系统的、有意识的探索期和或大或小的灵光闪现期往往交替出现，而后者会告诉我们思考和探索的方向。这些无意识的机制可以被任何东西所触发，对于年轻的读者来说，这一点非常值得铭记，因为它可能非常有用。如果第二天要交的困难的作业还没有完成，而你还必须出门参加朋友的聚会，那么你可以向父母解释说，你要去外面寻找灵感——就像庞加莱自己经常做的那样。

9

乒乓大赛

我们还应该注意类比在庞加莱文章中的角色。庞加莱以军事行动为比喻，形象地描述他的研究工作，这种描述方式相当富有诗意：他将数学难题比作一个结构完整的防御体系，于是他围而攻之，逐一攻克其外围工事，直到最后一个暗堡轰然倒塌，中央堡垒才最终被攻占。在这样的描述中，数学家不仅是运筹帷幄的战略设计者，同时也是指挥若定的将军。当我们为普通读者撰写科普文章时，使用大家熟知的形象进行类比往往是明智之举。

在最近的一篇文章中，我用年轻时喜欢的乒乓球运动来进行类比。我提及科学家之间的互动，这不仅包括亲密合作者之间的日常交流，也包括科学家在讲座、座谈会、研讨会上的互动。它们是科学家职业活动的一部分，对数学家来说，所有这些活动构成一场规模宏大的赛事。

我的球拍一面是红色，一面是黑色，上面装饰着乒乓球运动员熟悉的蝴蝶标志，在成千上万场艰苦的比赛中，它是我引以为豪的忠实盟友。20 年前，我已经不再有时间和欲望去迎战新的对手，于是我收起球拍，金盆洗手。但是，那些高高抛起的发球、急速上旋的正手、猛烈的反击、紧张的防守、不紧不慢的切削、扣杀和救球，所有这些在此后很长一段时间里都在我的大脑中反复出现，它们的轨迹被马格努斯效应弯曲得美如图画。

与此同时，我致力于探索数学理论和定理蜿蜒曲折的轨迹，科学家和数学家在一场规模庞大而又十分漫长的乒乓球比赛中，频频挥拍，相互来回击打着无数只乒乓球，有时急促，有时轻柔，有时又十分凶猛。①

这种比赛不仅发生在各个数学分支的内部，也发生在不同分支之间，所以我说它是一场集体大混战。值得注意的是，我在上面那段话中使用了一个术语：马格努斯效应。在物理学中，马格努斯效应体现为旋转物体的运行偏离其预想轨迹的现象。正是由于这个效应，因为在行进方向上的高速旋转，上旋球会猛然下坠，即使击球的力度很大，它也很容易落在网球场的边界或乒乓球台的边缘之内。反之，下旋球的飞行慢而轻柔，球往往在空中飘荡，

---

① 这是我2012年为《新观察家》杂志所写的一篇文章的起始段落，原文参见：https://o.nouvelobs.com/pop-life/20121008.OBS4885/obsession-du-mois-cedric-villani.html。

不容易落到球台之上，而如果力度恰到好处，对手就很难回球。马格努斯效应在高尔夫、网球和乒乓球中都起着很重要的作用，它改变了整个比赛的复杂程度。马格努斯效应在足球运动中尽管相对没有那么重要，同样也扮演着颇有分量的角色，人们在任意球飘忽的飞行中就能发现它的踪迹。很大一部分足球运动员（可能高达 99.9%）在对其中的科学一无所知的情况下，学会了踢出漂亮的“香蕉球”或“电梯球”等的任意球技术。

不完美之颂

要阐明一个科学概念或主题，最好的方法就是讲故事。我相信，只有两样东西能够吸引所有人的注意力：游戏和故事。

在谈论科学话题时，回顾其历史发展的脉络往往是很好的做法。例如，关于地球的年龄，我们可以通过描述越来越精确的理论以及围绕这些理论产生的巨大争议，来讲述我们的认识从古代到今天的持续进步。19世纪时，开尔文勋爵与达尔文在理论上的争论①证明，即使是伟大的思想家也可能错得非常彻底，并因此错过在地质学方面取得重大进展的机会。像我个人在讲座中常做的那样，展开这样的叙事线索，将使我们能够显示概念或思想之间的联系。②

围绕既定的主题进行即兴创作，有可能是一种有益的文风训练。2012年7月，我参加了著名的米兰艺术节，这个盛大的艺术节每年在米兰举办一次，它的目的是致力于促进哲学、文学、电影、表演艺术和科学之间的对话。③ 每一届艺术节都有一个特定的主题，科学家会被邀请参加，而他们的演讲必须富有诗意。这是科学家难得的机会，他们可以通过激发听众的某些印象和情感，让外界了解他们的工

---

① 19世纪70年代，开尔文勋爵应用当时学界所认可的地质学理论，论证出地球的年龄不超过2亿年，而达尔文则根据生物进化的要求，推测出地球的年龄长达数十亿年。如果当时的学界接受达尔文的理论，地质学理论将因为不得不修正而取得突破性进展。——译注

② 可参考本人题为《Un mathématicien aux métallos》的视频讲座。

③ 米兰艺术节创办于1999年，关于2012年的米兰艺术节，读者可浏览http://www.lamilanesiana.eu/。

作。2012年米兰艺术节的主题是“不完美”，作为本书的结束，我将在此转引我在那届艺术节上的演讲稿。在这篇演讲稿中，读者将再次发现我们在本书前几部分中曾经讨论过的一些主题：创造、约束、美，以及伟大的亨利·庞加莱，等等。

* *

不完美之颂

100年之前，伟大的亨利·庞加莱魂归天国。他是法国最优秀的数学家，也是全世界最优秀的数学家，法国人都这么说，全世界的人们也都这么说。

庞加莱出身于名门望族，他温文尔雅，体态壮硕但视力极差，凭借其智慧的力量，他提出了人类在未来几个世纪都将不断思考的问题。他不仅是一位伟大的数学家，也是伟大的物理学家、伟大的天文学家、伟大的工程师、伟大的哲学家——简言之，他是一位无所不知的全才思想家。在他生命的最后几年里，人们什么问题都向他讨教，把他当作全知全能的神。作为人类思想与力量的象征，脆弱但珍贵，庞加莱的名字和思想必将永垂不朽。“思想，”他在《科学的价值》的结语中说，“思想只是划过漫漫长夜的一道闪电，但正是这道闪电，它才是一切。”①

庞加莱对一切事物都兴趣盎然，他对一切知识无所不学，并因此革命性地改变了数学和物理学的思维。庞加莱高瞻远瞩，其思考总是高屋建瓴，因而一旦出现错误，他的错误同样也非同小可。不过，世界上只有死人才不会出错，而庞加莱从不愿意为了永远正确而只发表谨慎而无益的言论。

在研究三体问题时，庞加莱犯下了他最著名的错误，一个势必在科学史上长期令人瞩目的错误。从牛顿开始，人们就已经知道如何求解两个相互作用的天体的运动问题，但对于三个或更多天体间的相互作用则无能为力。以地球和太阳这两个巨大天体的情形为例，我们可以忽略太阳系的其他部分，借助牛顿方程计算它们的运动。问题的答案相当容

---

① 原著出版于1905年，中译本由李醒民翻译，商务印书馆2010年出版，但作者姓名被译为“昂利·彭加勒”。——译注

易得到：地球围绕太阳画出一个美丽的椭圆。这是一条简单而优雅的轨迹，远在地球自转被认识之前，它在数千年前就已经为古希腊的数学家们所熟知；而在牛顿阐明万有引力定律之前，德国天文学家约翰内斯·开普勒也曾经重新发现过这个轨迹。

考虑两个天体时，我们得到一个美妙的椭圆，它稳定地、永无休止地重复着自己，直到时间的尽头。但如果我们把其他天体考虑在内，结果会如何？毕竟，在不可抗拒的太阳引力之外，地球也会受到木星、火星以及更远的其他行星的影响。在太阳巨大的引力面前，其他影响确实没有多大的分量。但是，这些影响是否微不足道，不足以破坏这美丽的椭圆轨迹？地球是永恒地围绕着太阳运转，还是最终将与其他星球相撞？一旦考虑到第三个天体的影响，一切就都不再清晰，结论也无人知晓。当时人们认为，太阳系里有九颗、甚至十颗大行星，问题因此显得更为复杂。不过，为了探讨多体问题，人们可以从三体问题入手，看看三体情形的方程能告诉我们什么，天体们的运动轨迹究竟是稳定的，还是不稳定的？

35 岁时，为了竞争瑞典国王奥斯卡二世设立的数学大奖，庞加莱研究了三体问题的一种略有简化的版本。这原本就是一个必然会使年轻而才华横溢的数学家着迷的问题，而庞加莱最喜欢的就是思考自然界的基本规律，更何况这个问题还为他提供了一个自我超越的机会！他的手稿中充满着崭新的思想和独创的术语，并且以无比优雅的方式证明了三体问题解的稳定性。评委们毫不费力地就猜到了这位匿名作者的身份，庞加莱也毫无悬念地获得胜利，赢得了这个奖项。

然而，庞加莱的文章并不完美。他的论证充斥着含糊不清、不精确和模棱两可，这在庞加莱的文章中是司空见惯的情形。尽管他才华横溢而且声名卓著，但庞加莱的写作绝非清晰风格的典范，迂回曲折的措辞、未提供依据的断言、打断论证节奏的学术性离题，庞加莱的读者对所有这些都早已见怪不怪。虽然庞加莱文稿中新思想层出不穷，但验证其正确性却绝非易事。作为瑞典皇家科学院《数学学报》的编辑，年轻而干练的拉尔斯·爱德华·弗拉格门①在编辑庞加莱手稿时，提出了一长串疑问，却没有在第一时间得到应有的重视。

为回应弗拉格门的疑问，庞加莱尽力修正自己的理论，用构思精妙的文稿，构建起看似完美无瑕的大厦。他相信，一切都无懈可击。然而，弗拉格门在这座大厦上发现了一个又一个裂痕，它们持续不断地折磨着庞加莱。终于有一天，庞加莱不得不面对事实：一切都错了！裂缝不断扩大，成为无法修复的缺口，最终导致整座理论大厦的崩塌！

但是，庞加莱已经得到了大奖，获得了荣誉和金钱，文章已经发表，到处都在庆贺他的成功。面对这样的情形，这位年轻的数学家承受着惊人的压力！怎么办？应该如何处理这些错误的证明？

最重要的事情当然是避免错误的扩散。杂志编辑部成功地收回了发表庞加莱文章的那一期杂志的所有拷贝，那个时候没有互联网，这是不幸中的万

---

① 拉尔斯·爱德华·弗拉格门（Lars Edvard Phragmén，1863—1937年）瑞典数学家，曾出任斯德哥尔摩大学终身教授，长期担任瑞典皇家科学院《数学学报》编辑。在编校庞加莱这篇论文的过程中，与庞加莱反复通信商榷，促使庞加莱迈出混沌理论的第一步，他自己也因此名垂青史。——译注

幸！错误的文章可以被毁尸灭迹，一切可以复原如初。这件事让庞加莱遭受了金钱上的巨大损失，但他的声誉没有受到影响，而他则立即投入工作，开始努力弥补其理论的缺陷。

令人惊奇的是，庞加莱成功地解决了一切问题！当然，一切都出现了重大的区别：他的结论已经完全改变了。当把目光聚焦到原先产生错误的根源上时，他发现了由无比精确的方程所控制的天体运动系统产生不稳定性的机制。这些方程比最可靠的瑞士手表还要精确，但对初始条件却极为敏感，以至于其最终的结果可能会因为一粒尘埃或蝴蝶翅膀的一次扇动而改变！

另一位法国数学家雅克·阿达玛的研究巩固了庞加莱的新成果，迫使开普勒的完美让位于一种崇高的不完美，从而开辟出一片广阔的新天地。正如哥伦布偶然发现美洲一样，庞加莱发现了一个科学上的新大陆，一个不完美而混沌的世界：即使在根底上是确定的规律，也可能导致不可预测的行为，而这些行为只能从统计学的角度来理解。

但是，庞加莱意味深长地说："你想要我预测将要产生的现象？假如我不巧知道这些现象的规律，那么，除了复杂到无法驾驭的计算之外，我没有其他成功的途径，因此我应该放弃回答问题的企图。但是，既然我能够对这些规律视而不见，我就可以立即给你一个答案，而更令人意外的是，我的回答将是正确的。”①

庞加莱的发现的确非常伟大，而由于曾被视为一个重大错误，使得这个发现显得更加瑰丽。现在看来，这个错误不再像以前看起来那样严重，反而像是一个漂亮的胎记：一种不完美。在卡夫卡的《审判》② 中，莱妮小姐带蹼的手掌是她美丽的一部分；与此相似，不完美是决定混沌理论魅力的一部分。

然而，尽管完成了戏剧性的逆转，庞加莱并没有进一步质疑牛顿的基本定律。至少在大多数情况下，牛顿的基本定律仍然稳如泰山。

在庞加莱铸成大错 10 年之后，在即将走进 20

---

① 庞加莱：《科学与方法》，第 1 章。

② 《审判》是卡夫卡带有自传色彩的小说，有多种中译本。——译注

世纪的时节，科学家已经准备为他们确定了所有的物理定律而举杯欢庆了。毕竟，人类第一次掌握了解释一切的严谨的科学理论，它们涵盖了力学、天文学、电磁学、流体和波，以及许许多多的其他事物。尽管还有极少数问题没有获得最终解决，例如迈克尔逊—莫雷实验以及黑体辐射问题，但它们就像一颗巨大钻石表面上几处微小的瑕疵，等待着它们的不过是人们的打磨。

然而不然！这些小瑕疵一旦被发现，其规模便迅速扩大，很快就超过了钻石技师们打磨的能力。计算黑体辐射的定律与实验的矛盾引发了所谓的紫外灾难，相关的科学争论越来越激烈，很快就在理论物理学界产生了不是一次或者两次，而是三次重大的革命：放射性理论、相对论和量子物理学。科学界花了30年的时间来探索这些全新的领域，于是，光、能量和物质不可思议地变成同义词，以前所未有的强度闪耀着别样的光芒。

尼采曾说过，想要孕育舞动的星星，就必须在心中怀有混沌。[1]庞加莱向我们证明，牛顿的物理学之中包含着混沌，它是确定性的物理学，却可以产生不可预测性。20世纪初的基础物理学尽管戴着完美的面具，事实上却并不完美，其中包含着充裕的混沌，足以孕育至少三颗“舞动的星星”。

且慢，什么叫“舞动的星星”？这个说法很可爱，它是不是让人不禁联想到闪烁的东西？完美的东西？所以，星星美丽乃至完美，随着天国的音乐翩翩起舞？

这是彻头彻尾的牵强附会！宇宙星辰是一团巨大的混乱，不稳定与不规则牢牢占据着绝对的统治地位。仔细想一想，气体是以均匀的方式组织起来的，它们和谐而均匀地分布在各处。恒星则不然，它们聚集在不规则的星团中，被巨大的空旷所分隔！无数的恒星聚集成星系，无数的星系聚集成星系群，而无数的星系群又一起构成超星系群。恒星的分布远非和谐而有规律，它们的分布是团块状的，可以说事实上是一种分形。

---

① 尼采：《查拉图斯特拉如是说》，序言第5节。

我们不知道谁是这奇怪的恒星芭蕾的作曲家，但我们知道它的总指挥：他就是牛顿方程的统计学版本，或者说是弗拉索夫方程。我们可以通过这些方程了解恒星的性质，数学的分析为我们提供了揭开其不规则行为奥秘的关键：詹姆斯·金斯的不稳定性，它使同质物质在大波长之下无法保持稳定。古罗马哲学家卢克莱修把原子不可预测的摆动称为“克里纳门”，将它视为宇宙万物变化的原因。不稳定性就是确立为定律的不完美，它是数学化的“克里纳门”，整个宇宙结构就依照这个定律而诞生。

至于音乐，其本身并不比星星的“舞动”完美。至迟从毕达哥拉斯时代开始，音乐就已经是一种基于频率之间关系的数学艺术。如果乐音的频率为440赫兹，我们听到的就是音符A；如果把频率加倍至880赫兹，那么我们听到的就是高八度的A。频率每加倍一次，音高就上升八度；而如果把频率提高3倍到1320赫兹，我们得到的就是比高八度的A高五度的音符，也就是高八度的E。总之，从一个标准音高开始，只需要用2和3进行乘除运算，人们就可以得到从八度到八度，以及从五度到五度的音符，从而得到所有的音阶——这就是毕达哥拉斯学派著名的“五度相生法”。

但是，无论怎样努力，我们都会认识到，这种方式永远不可能构建出完美的音阶系统。其根本原因在于，一系列 2 相乘的结果永远不可能等于一系列 3 的乘积，也就是说，任何 2 的非零整数次幂都不可能等于 3 的整数次幂。因此，在构建音阶系统的过程中，“作弊”式的微调是必不可少的。一种办法是引入微小的差异，例如被称为“毕达哥拉斯逗号”的微小音程，从而破坏音阶系统的自然对称性；另一种办法是放弃频率的精确分数关系，系统地以无理数规定频率间的比例，从而形成一个体系性的结构的不完美。无论如何，音乐不是别的，它本质上就是不完美！然而，它却又是如此丰富多彩，如此悦耳动听，如此无所不能！

作为人类，我们当然非常了解不完美，我们身处其中，我们事实上是不完美的产物，我们的一切都归因于不完美。正是由于繁殖的不完美，物种才得以进化。从细菌出现开始，经过数以亿计的基因突变，从转录错误到代际传播错误，无休止的自然选择，才使我们成为现在的样子。正如法国歌手贝雅·捷基尔斯基①所说："我们是错误方程式的结果。"然而，这是一种幸运！不完美是必然的，也是有益的，它是我们的优势。如果我们都是完美的，那么我们将注定灭绝，面对生物界不断出现的各种威胁，遗传变异性是我们的最大优势。更重要的是，它还导致了各种令人惊奇的融合。

我们所做的每一件事都不完美。人类使用着成千上万种语言，出现如此神奇的多样性，其原因是无数文字重构错误、拼写和语法错误，口语模式的嬗变和各种错误的发音，以及未定型的方言被顽强的口音所取代的事实（例如，蹩脚的拉丁语最终变成了漂亮的意大利语）。正是千万次的积非成是，为我们竖起了不朽的巴别塔！

我们的计算机程序中也隐藏着不完美，我们编写的程序日益复杂，以至于没有人能够根除其中的

---

① 贝雅·捷基尔斯基（Béatrice Tekielski，1948 年—），法国著名歌手，引文是其著名歌曲《机器人宝宝的歌谣》（*Ballade pour un bébé robot*）中的一句歌词。——译注

所有错误。我们的技术发明中同样包含着不完美，它们原始设计中的缺陷一直顽强地存在着，任何进步都无法修正它们，例如我们处理文字的设备，它们很可能将永远配备着布局荒诞而效率低下的键盘。

那么，人类的思想，我们引以为傲的那道黑暗中的闪电，它是不是很完美呢？拜托！人类的思想？那不过是混乱的同义词！人类绞尽脑汁才创造出形式上和逻辑上都很完美的数学推理，但是完美绝不是它的原始状态。通过对自己若干重大发现的分析，庞加莱清楚地看到了这一点：在这些发现过程中，自发的、莫名其妙的思维联想，往往与长期的、有意识的思考相伴相随，思绪的这种不可预知，与其物理学理论所暗示的混沌颇为神似。

伏尔泰在谈到开普勒时曾说："错误使他偶然走向了真理。"我们不能低估最初使他们陷入错误的那些努力和想象力的庞大结合体，但伏尔泰的这句话同样也适用于庞加莱、怀尔斯以及其他许多科学家。在开普勒的例子中，这个结合体因为荒谬神秘的遐想而令人难以理解。① 伏尔泰为开普勒开脱道："有些人的思想以几何学为拐杖，当他们抛开拐杖，想要独自行走时，他们就难免跌倒。"② 但话说回来，数学家不是也必须依靠非理性，依靠稀奇古怪的思绪引发的直觉吗？

不管出于什么原因，正如我们在前述庞加莱的例子中所看到的那样，即便是最优秀的数学家，犯些错误也在所难免。他们有时会同时犯两个错误，而这两个错误却又恰好相互抵消，例如伽利略对炮弹轨迹的描述就是这种情形。他们有时会同时犯三个错误，但这三个错误却相辅相成，使谬误的程度成倍放大，开尔文勋爵对地球年龄的推算就是一个典型的例子！总而言之，例子和反例多不胜数，它们都向我们表明：错误不仅仅是人类前进道路上遇到的障碍，同时也是我们旅程的一部分，我们进步的源泉。

---

① 古希腊人证明正多面体总共只有正四面体、正六面体、正八面体、正十二面体和正二十面体五种，开普勒认为，五大行星及地球的轨道由这五种正多面体及球体所确定。这种想法相当荒唐，但却促使开普勒得到接近正确的行星理论。——译注

② 伏尔泰：《牛顿的哲学原理》，第5章。

不过，这并非是人类的悲剧。与在语言学和生物学领域一样，在人类思想领域，我们应该为我们会出现错误而庆幸，因为，从错误才会诞生出意想不到的东西，有时甚至是伟大的东西！

我们来考察另一个开创性启蒙的象征，伟大的约翰·纳什，考察他曾经出现的错误。纳什曾经在五年内证明了三个定理，彻底改变了整个数学分析，后来因其早期关于均衡的研究成果获得诺贝尔经济学奖。①

为了回应一位被他的傲慢所激怒的麻省理工学院同事所发出的挑战，纳什开始着手证明等距嵌入定理。②这时，他意识到，他要尝试的是一件非常困难但又非常重要的事情。在经历混乱的酝酿期之后，他怀着自豪的心情，在 1954 年秋天向《数学年鉴》提交了一份复杂得令人难以置信的手稿。这篇文章组织混乱，令人难以从中读出其主要观点和结果，

---

① 可参见《一个定理的诞生》，第 29 章。

② 参见 John Nash, *C1-isometric imbeddings*, Ann. Math. 60, no. 2 (1954): 383-396；以及 John Nash, *The imbedding problem for Riemannian manifolds*, Ann. Math. 63, no. 1 (1956): 20-63。

任职于该杂志的数学家赫伯特·费德勒不辞辛劳，重新编辑了这份行文粗疏的文稿，才使纳什天才的发现得以发表。①

纳什的文章解决了重要的问题，但他的解决方法复杂而笨拙，而且写作方式相当混乱！而事实上，更好的解法是存在的。在30年后，德国数学家马蒂亚斯·金特就找到了一个极其优雅而又极其简单的解法——这，才是完美！

然而纳什是幸运的，他没有看到整个问题的完美解决。从他大量杂乱无章而又掺杂着错误的想法中，经过反复的去粗取精和去伪存真的过程，人们终于得到了迄今为止最强有力的非线性扰动分析技术，即纳什—莫泽定理。这个定理的重要性远远超过了原先的等距嵌入定理，它是一种普适性的方法，在今后的几个世纪里，它都将是教科书中不可或缺的章节。

毫无疑问，伟大的进步诞生于不完美。意大利

---

① 西尔维娅·娜萨：《美丽心灵》。

歌手和诗人法布里奇奥·德·安德烈①的诗歌因其灵感的优雅而感人，其诗曰：

钻石无所用，
淤泥育美花。

① 法布里奇奥·德·安德烈（Fabrizio De André，1940—1999年），意大利著名歌手、诗人、歌曲作者，所引诗句出自其著名诗歌及同名歌曲《窄窄的小道》（*Via del campo*）。——译注

数学创造[1]

庞加莱

数学创造的起源应该是一个最能激发心理学家兴趣的问题。在这种活动中，人类的思维似乎极少借重外部的世界，它只依赖于自身，而且只作用于自身。因此，通过研究几何思维的过程，我们有希望触及人类思维中最为本质的东西。

几个月前，一本名为《数学教育》的杂志对数学家的思维习惯和工作方法进行了调查。这个调查的结果发表时，我早已确定了我这个讲座的主要内容，因此我很难引用它们。我只想说，大多数数学家的证词证实了我的结论。当然，我不是说他们的

① 这是庞加莱20世纪初在巴黎心理学会所作报告的原文，与通行英文版略有不同。——译注

证词是一致的，事实上，成规模的调查不可能收获一致的意见。

如果我们不是已经习以为常的话，第一个事实一定会让我们吃惊，甚至可以说让我们震惊：为什么有些人不懂数学？如果数学仅仅使用所有思维正常的人都接受的逻辑规则，如果数学的证据是建立在所有人都认同的、只有精神失常者才会否认的共同原则的基础之上的，那么，为什么还会有那么多的人对数学一窍不通呢？

不是每个人都有发明创造的能力，这不是什么神秘的事实。不是每个人都能够记得以前学过的证明和推理，这也完全可以理解。并不是每个人都能够理解数学推理，这才是细想起来似乎很令人吃惊的事实。不仅如此，在能够理解数学推理的人中，大多数人的理解过程也是困难重重，举步维艰。这是一个不争的事实，中学教师们对此深有体验。

此外，数学中怎么可能会出现错误？健全的智者绝对不会犯任何逻辑上的错误，然而，有一些头脑非常优秀的人，他们不会在生活中司空见惯的短小推理中老马失蹄，却无法准确无误地遵循或重复数学中较长的证明，尽管这些证明说到底不过是类似于他们驾轻就熟的短小推理的叠加。难道，我们还需要补充说，优秀的数学家本身也可能百密一疏？

在我看来，答案是显而易见的。比方说，我们有一长串的论证，第一个论证的结论是此后若干论证的前提，我们能够掌握每一个论证，从它的前提到结论的推理过程中，我们都不会出错。但是，如果有一个命题，从它作为一个论证的结论的时刻到我们发现它作为另一个论证的前提的时刻之间，经历了太长的时间，或者说其间存在冗长的数学推理，那么，逻辑链条的许多环节就有可能已经散开。因此，我们可能已经将它忘却，或者更严重地，我们已经忘记了它的意义；此外，它还有可能被一个稍有不同的命题所取代，或者虽然说法不变，却被赋予了稍有不同的意义。这，就是我们出现错误的原因。

数学家常常需要使用定理。很自然地，数学家首先会证明这个定理，当这个证明在他的脑海里记忆犹新的时候，他完全清楚其意义和范围，不存在误解或误用的危险。但是，如果此后数学家把定理托付给自己的记忆，然后只是机械地应用它，那么，一旦记忆有误，它就有可能被错误地应用。举一个简单而常见的例子：我们有时会因为忘记乘法口诀而出现计算错误。①

从这个角度看，数学方面的特殊才能只能归功于非常可靠的记忆力，或者归功于惊人的注意力。这是一种类似于优秀桥牌手的品质，他们能够记住出过的牌。或者，我们更进一步，可以说优秀的数学家类似于国际象棋的顶尖高手，后者能够想出非常多的着法组合，并把它们牢牢记住。因此，每一个好的数学家应该同时是一个优秀的棋手，反之亦然。此外，好的数学家还应该是算术高手。当然，这种情况确实时有发生，例如，高斯既是一个天才的几何学家，又是一个非常早熟和可靠的算术行家。

例外当然会有。不过，也许是我说错了，不能称之为例外，否则例外情况就会比正常情况多。事实上，例外的反倒是高斯。至于我个人，我不得不

---

① 法语数字的表达方式比汉语复杂很多，乘法口诀的记诵相对而言确实有一点点难度。——译注

承认，我绝对是连加法都会出错的那种人。同样，我也是一个相当糟糕的棋手。我研究一个着法，然后我发现它将使我面临某种危险，因此转而考虑许多其他的着法，而我又会因为这样或那样的原因否定这些着法。于是，我最终还是会下出我最先研究过的那步棋——在思考其他着法的期间，我已经忘记了之前所预见到的危险。

总之，我的记忆力并不差，但不足以让我成为一名优秀的棋手。那么，为什么对于难度较大的数学推理，大多数棋手都会晕头转向，而我却总是轻车熟路、游刃有余呢？这显然是因为，数学推理过程中有一条明确的思路。数学证明并不是简单的推理的罗列，它们是按一定顺序排列的推理，而这些元素的排列顺序比元素本身更为重要。如果我对这种顺序有感觉，或者说有直觉，使我一眼就能看到整个推理，我就不用担心忘记其中的任何元素，因为它们中的每一个都会在推理的框架中自然而然地各就各位，不需要我作出任何记忆的努力。

因此，在我看来，通过重复一个学过的推理，我可以自己创建出这个推理。或者说，即使这只是一个假象，即便我没有足够的能力独立创新，我也能通过重复来自己重新建立起推理过程。

我们明白，这种感觉，这种对数学顺序的直觉，使我们发现隐秘的和谐与关系。但是，并非每个人都拥有这样的能力。有些人既不具备这种微妙而难以定义的感觉，也不具备高于常人的记忆力和专注力，他们完全无法理解略有深度的数学。绝大多数人都是如此。另外有一些人，他们的这种感觉相当微弱，但拥有与众不同的记忆力和强大的专注力，这些人能够记住一个又一个的细节，能够理解数学，有时也能够应用数学，但是他们没有创造力。最后，还有一些人，他们或多或少地拥有我刚才所说的那种特殊的直觉，因此他们不仅能够理解数学，而且即便不具备过人的记忆力，他们也能够成为创造者，而他们获得成功的程度，将取决于这种直觉的强弱。

事实上，什么是数学创造？它并不是对已知的数学事实进行重新组合。任何人都可以做到这一点，但这样的组合数量极为庞大，而且绝大多数都毫无用处。确切地说，数学创造不包括构建无用的组合，它只包括构造有用的组合，而这种组合相当稀有。

创造就是辨别、选择。

如何作出这种选择，我已在其他场合做过解释。值得研究的数学事实是那些通过与其他事实的类比，有可能使我们认识到某个数学规律的事实，就像实验事实使我们认识到某个物理规律一样。这些事实向我们揭示了某些事实之间前人未曾发现的紧密联系，后者虽然早已为人所知，但此前却被错误地认为是彼此无关的。

在可供选择的组合中，最可能结出硕果的，往往是遥远领域之间元素的组合。我并不是说只要把最不相干的对象结合到一起就万事大吉，事实上，大多数这样的组合的结局都将是一无所获，但成功的极少数则很可能成果丰硕。

我刚刚说过，创造就是选择，但事实上，我的用词可能不太正确，它使人想起大商场里的购物者在面对大量的样品，为了作出选择而一个接一个地查看，而样品是如此之多，以至于一生的时间也不足以全部查看一遍。然而，事实并非如此。在数学领域，不会有结果的选择根本就不会进入创造者的法眼，他们的意识里只会出现真正有用的组合，以及一些含有有用特征，但最终将被淘汰的其他组合。形象地说，数学的创造者就像是复试的考官，他只需要对通过初试的候选者进行考察。

只要在阅读时有所思考，到目前为止我所说的一切，都可以通过阅读几何学家的著作而观察或推断出来。

现在，我们要更进一步，深入地了解数学家的灵魂。要做到这一点，我认为最好的办法是回顾我的个人经历。不过，我将仅向大家讲述我撰写的第一篇关于富克斯函数的论文的故事。我需要吁请大家原谅，我将会使用一些专业术语，但大家不必感到惶恐，因为你们不需要理解它们。例如，我将会说，我发现了如此这般的一个定理在如彼那般的情形下的证明。这个定理可能有一个奇特的名字，对大多数人而言闻所未闻，但是这并不重要，对于各位心理学家来说，重要的不是定理，而是发现定理的环境。

在连续 15 天的时间里，我一直都在试图证明，不可能存在任何类似于我后来称为富克斯函数的函数。我当时对相关的数学事实一无所知。我每天坐在书桌前，一坐就是一两个小时，尝试了大量的组合，却总是一无所获。有一天晚上，我一反常态，喝了一些黑咖啡，结果是无法入睡。然而，我的脑海中各种思绪却纷至沓来，它们似乎不断地相互碰撞。终于，其中的两种思绪紧紧地结合到一起，形成了一个稳定的组合。第二天早上，我已经确定了一类富克斯函数的存在，它们源自超几何数列，我所要做的只是把这个结果写下来，而这需要的不过是几个小时的时间。

接下来，我想用两个数列的商来表示这些函数。与椭圆函数的类比给了我启发，因此我的这个想法是明确而且经过深思熟虑的。我想要知道的是，如果这些数列存在的话，它们将会具有什么样的性质。结果，我几乎不费吹灰之力就成功地构建了这些数列，它们后来被称为 θ -富克斯函数。

这时，我离开当时居住的卡昂，参加了矿业学院的一次旅行，旅途的颠簸使我暂时忘却我的数学研究。到达库坦斯时，我们需要乘坐一辆我不知道其目的地的公共马车。就在我把脚放在马车踏板上的一刹那，一个念头突然闪现：我用来定义富克斯函数的变换与非欧几里得几何学的变换是相同的！这个想法显得相当突兀，因为我此前的思考似乎并没有为它做过任何预备工作。不过，我没有验证的时间，因为我一上马车就与朋友继续着此前已经开始的闲聊，但我当时立即就对这个想法深信不疑。回到卡昂之后，为了抚慰自己的良心，我利用休闲时间完成了对这个想法的验证。

随后我把注意力转向一些算术问题的研究，但是研究工作没有取得什么进展，而我也不认为它们与我之前的研究会有丝毫的联系。出于对失败的厌倦，我到海边逗留了几天，在那里思考一些完全不相干的事情。有一天，当我正在悬崖边散步时，又一个念头凭空而降，与上一次同样简短、突然，而又让人瞬间确信：三元二次不定型的算术变换与非欧几里得几何学中的变换完全一样！

再次回到卡昂之后，我对这一结果进行了反思，并且得到若干新成果。二次型的例子表明，除了对应于超几何数列的富克斯函数之外，还存在其他的富克斯群，我发现我可以对它们应用 θ -富克斯数列的理论。于是，除了我此前唯一知道的、从超几何数列导出的富克斯函数之外，确实存在其他的富克斯函数。自然而然地，我想要构建出所有这些函数。因此，我开始对这个问题发起有组织的围攻，并且取得一次又一次的胜利。然而，有一个问题始终屹立不倒，而它的陷落与否却可能牵涉到整个围攻之役的成败。但是，我所有的努力只是证明了问题的难度，证明它是个难以攻克的堡垒。需要向大家说明的是，这一切工作都是在有意识的状态下进行的。

后来我到瓦莱里安山服兵役，因此忙着完全不相干的事情。有一天，我正沿着大街走着，破解难题的办法突然在我的脑海里出现。当时我并没有立刻展开研究，直到服完兵役，我才重新考虑这个问题。由于我已经具备了解决问题的所有要素，所要做的只是把它们集中到一起，让它们各安其位。于是我一气呵成，不费吹灰之力就写完了最终的论文。

我就举这一个例子，因为再举其他例子并没有什么意义。关于我个人的其他研究，故事都大同小异，而《数学教育》调查中其他数学家们的报告，也只能证实我这个案例的普遍性。

首先让我们震撼的是这些顿悟，它们明显是此前长期无意识工作的迹象。在我看来，这种无意识工作在数学创造中的作用是不容置疑的，即便是不很明显的情形，人们也能够发现它的踪迹。就像上述案例那样，通常的情形是这样的：在研究一个难题时，研究者最初的思考显得徒劳无功，于是，他休息了一会儿，再坐在桌子前。此后的前半个小时里，他继续一无所获；然后，在某个瞬间，决定性的想法突如其来地在脑海中闪现。人们可以说，这是因为休息中断了有意识的思考，使头脑恢复了活力，所以有意识的工作才更有成效。然而，更有可能的是，休息期间的大脑其实忙碌地进行着无意识的工作，而这些工作的结果随后在研究者的脑海被揭示出来，只不过这种揭示发生于有意识的工作期间，而不是出现于散步或旅行之时，但它们独立于这种有意识的工作之外，后者最多只是起到触发的作用。有意识的工作就好比是一种刺激，激发在休息期间已经获得的、但仍然处于无意识的结果的闪现，使之以有意识的形式出现。

需要说明的是，这种无意识工作有一个前提条件：只有在之前和之后各有一段时间有意识工作的情形下，无意识工作才有可能开花结果。我所举的例子已经充分说明，灵感从来都不会无缘无故地出现，除非是在几天有意识的工作之后。尽管这些有意识的努力似乎一无所获，甚至误入歧途，但事实上它们并非毫无成效，它们使无意识的机器开始运转。如果没有这些工作，无意识的机器就不会启动，因而也不会有任何贡献。

在灵感之后需要有另一段时间的有意识工作，这一点更好理解。因为，我们有必要证实这些来自灵感的结果，推导出它们的直接推论，整理思绪并写出证明。最重要的一点是，这些灵感必须经过验证。我前面谈到过与灵感相伴而来的那种绝对肯定的感觉，在所提到的例子中，这种感觉并没有错，而且大多数情况下，它们也是正确的。但是，我们必须小心谨慎，我们不应该相信它不会存在例外。这种感觉生动活泼，但它们有时候会欺骗我们，而只有在尝试写出其证明的时候，我们才会意识到这一点。我个人对这种错误的感觉有过一些体验，其中更富有欺骗性的，往往是早上或晚上在床上、在半催眠状态下所产生的想法。

以上都是事实，下面我们来谈一谈它们引发的思考。事实证明，无意识的自我，或者说潜意识的自我，在数学创造中起着关键的作用，但是，潜意识的自我通常被认为是纯粹自发的。现在我们已经看到，数学研究不是简单机械的工作，无论有多么完美的机器，都无法胜任数学研究。数学研究不仅是规则的应用，不仅是根据给定规则尽可能多地进行组合。规则的组合不计其数，绝大多数毫无意义且极为烦琐。数学创造者真正的工作，是在这些组合中进行选择，剔除无用的组合，或者从一开始就避免制造无用的组合。然而，用以指导这种选择的规则极其精细而微妙，几乎只可意会而不可言传。这些规则并非有章可循，更多的是一种感觉，所以，谁还会去想象机械地应用这些规则的筛选机器呢？

于是，我们面前出现了第一个假设：潜意识的自我丝毫不逊色于有意识的自我，它并非纯粹自发，它有辨别能力，它有技巧，它很精细，它知道如何选择，它知道如何猜测。我的意思是，它比有意识的自我更懂得如何猜测，因为它在有意识的自我失败的地方获得了成功。如此看来，潜意识的自我难道不比有意识的自我高明吗？你们心理学家明白这个问题的重要性。在最近的一次会议上，布特鲁①先生就曾向听众展示过这个问题如何在非常不同的场合被提出，以及肯定的回答所产生的后果。

那么，这个肯定的回答，它是不是我刚才向大家解释的事实强加给我们的呢？就我而言，我承认，我从内心抗拒对这个答案的接受。因此，让我们一起来回顾一下事实，看看是否会有其他的解释。

可以肯定的是，在经过长时间的无意识工作之后，在突然的灵光乍现中呈现在脑海中的组合，一般都是有用的、成果丰硕的组合，它们似乎是在第一次挑选的过程中就被挑中。难道说，潜意识的自我凭着一种微妙的直觉，猜到了这些组合可能是有用的，因而只形成了这些组合？或者，它其实还形成了许多其他无用的组合，只是它们一直停留在无意识之中？

---

① 埃米尔·布特鲁（Émile Boutroux，1845—1921年），与庞加莱同时代的著名法国哲学家，此处所提到的内容见于《现代哲学中的科学与宗教》。——译注

在第二种解释中，潜意识自我的自动机制将形成所有的组合，但只有有用的组合才会进入意识领域。但是，这仍然非常神秘而难以索解：在我们无意识活动的千百种产物中，有些会突破无意识与有意识的界限，有些却仍然处在无意识之中，这是什么原因呢？这种界限的突破仅仅是偶然吗？显然不是。在我们感官的所有刺激中，除非其他因素的影响，否则，只有最强烈的刺激才会引起我们的注意。更一般地说，最可能突破无意识与有意识界限的，是那些直接或间接地对我们的感知产生最深刻影响的现象。

将数学证明与感觉挂钩，这可能会让有些人感到惊讶，因为，数学似乎只与智力相关。但这等于忘却数学之美，忘却数与形的和谐，忘却几何的优雅。这是所有真正的数学家都能体会到的真实的美，而重点恰恰就是感觉。

那么，我们认为哪些数学对象是美的和优雅的？哪些数学对象能引起我们的审美？它们不是别的，是那些元素排列和谐，使我们的智慧既可以自然地把握整体，同时又可以深入其细节之中的对象。

这种和谐既满足我们的审美要求，也支撑和引导着我们的心智。不仅如此，将一个井然有序的整体放在我们眼前时，它将让我们感悟到其中的数学规律。正如我们前面所说的那样，只有那些能够使我们意识到数学规律的数学事实才值得我们注意，也才可能有用。所以，我们可以得出这样的结论：有用的组合恰恰是最美丽的组合，我是说那些最能诱发所有数学家都知道的那种特殊感觉的组合。不过，外行们对此一无所知，他们通常只想一笑而过。

然后呢？在潜意识的自我盲目形成的众多组合之中，几乎所有的组合都是无趣而无用的，然而仅凭这一点，它们就不会引起我们的审美，因而意识永远不会发现它们。少数的组合是和谐的，因而它们既美又有用，它们将会触动我刚才说过的研究者那种特殊的敏感。一旦激发敏感，它们就会引起我们的注意，从而有机会成为有意识。

这只是一个假设，但可以说有凭有据：当一个突如其来的灵感进入数学家的头脑时，它大多是不会让数学家失望的。但是正如我所说，有时候灵感也有可能经不起检验。也许，原因是这样的：我们总是对某个错误的想法念念不忘，因为它如果正确，将极大地迎合我们数学优雅的自然本能。

因此，正是我前面提到的这种特殊的审美敏感起到了精巧的筛子的作用。这同时也清楚地告诉我们，没有这种敏感的人永远不会成为真正的数学创造者。

然而，这里的解释仍然不圆满。有意识的自我有其狭隘的局限，但我们并不知道潜意识的自我的极限。正因此，我们不太愿意假设潜意识的自我能够在短时间内形成比有意识的自我在一生中所能接受的数量还多的组合。如果极限确实存在，那么潜意识的自我是否能够形成所有可能的、数量惊天动地的组合？这似乎是肯定的，如果它只产生这些组合中的一小部分，如果它以随机方式产生组合，那么，在这些组合中找到正确组合的机会就会非常渺小。

也许我们必须在前期的有意识工作期间那里寻求解释，这个时期总是处在任何富有成效的无意识工作之前。我们来打个不很合适的比方，我们把组合的元素比喻为伊壁鸠鲁学说中的原子。在我们完全休息的时候，这些原子一动不动，它们可以说是挂在墙上的。因此，无论完全休息的时间有多长，这些原子都不会相遇，因而它们之间也不会产生任何组合。

相反，在看似休息、实则是无意识工作期间，原子中的一些脱离墙壁而处于运动状态。它们在四通八达的空间里任意驰骋。我想说的是，它们被封闭在一个房间内，好像是一群蚊子；如果喜欢更加学术化的比喻，我们可以说它们像是气体动力学理论中的气体分子。总之，它们会相互碰撞，因而可以产生新的组合。

那么，前期有意识工作的作用是什么？显然是调动其中的一些原子，使它们离开墙壁，让它们开始运动。我们认为我们没有做什么有用的事，因为我们以千百种不同的方式扰动这些原子，试图将它们组合起来，却一直没有找到满意的组合方式。但是，在我们强加给它们扰动之后，这些原子并没有回到它们原来的静止状态，它们自由地继续飞舞。值得指出的是，我们并不是随心所欲，我们搅动原子时追求着一个完全确定的目标，因此，被扰动的并不是随机选择的原子，它们是那些我们有望从中得到我们正在寻找的正确组合的原子。于是，这些运动着的原子将受到撞击，使它们进入结合状态，它们或者相互结合，或者与静止的原子发生碰撞而与之结合。请再次原谅，我的比喻很粗糙，但我实在想不出更好的比喻。

在任何情况下，可能形成的组合中，至少有一个原子是由我们的意志选择的，其中显然包含正确的组合。也许，这种说法可以减轻原始假说中的矛盾之处。

另外，我还注意到，无意识的工作从来都不会为我们提供只需应用给定规则、但计算冗长的结果。有些人可能认为，潜意识的自我都是自发的，特别适合在某种程度上完全机械的工作。似乎只要在晚上想一想乘法的因数，就可以指望在早上得到现成的乘积，或者说，代数计算或定理验证等都可以在不知不觉中完成。研究结果表明，事实并非如此。人们从灵感那里能够得到的，或者说无意识工作的结果，都是这类计算的起点；至于计算本身，则必须在第二个有意识工作的，也就是在灵感之后的那个时期来完成。在这个时期，人们验证灵感的结果，并且推导出后续的结论。这些计算的规则严格而复杂，它们的执行需要纪律、注意力和意志，因而也需要意识。另一方面，在潜意识的自我中，如果能给简单的无纪律和因偶然而生的无序起一个名字，那么我们不妨称之为自由。只有这种无序，才会产生意想不到的结合。

我想最后再说一点。当我讲述自己的故事时，我曾经谈到一个兴奋而情不自禁地工作的夜晚。这种情况是经常发生的，而且大脑的异常活动未必是由像我提到的物理兴奋剂引起的。这么说吧，在这种情况下，研究者似乎是目睹了自己无意识的工作，这种工作已被过度兴奋的意识部分地感知，但其性质并没有因此而改变。于是，研究者可以隐约地意识到这两种机制的区别，或者说，这两个“自我”的工作方法的差别。在我看来，以这种方式进行的心理学观察，在总体特征上似乎证实了我刚才所表达的观点。

必须承认，这些观点有其存在的必要，尽管它们现在只是，将来仍将是一种高度的假说。然而，这个问题的意义是如此之大，我绝不会后悔将它与诸位分享。